大模型辅助编程

[美]内森·B. 克罗克(Nathan B. Crocker)　著

郭　涛　译

清华大学出版社

北　京

北京市版权局著作权合同登记号　图字：01-2025-0995

Nathan B. Crocker
AI-Powered Developer：Build great software with ChatGPT and Copilot
EISBN：978-1-63343-761-6
Original English language edition published by Manning Publications, USA © 2024 by
Manning Publications Co. Simplified Chinese-language edition copyright © 2025 by
Tsinghua University Press Limited. All rights reserved.

图书在版编目(**CIP**)数据

大模型辅助编程 / (美) 内森·B.克罗克
(Nathan B. Crocker) 著；郭涛译. -- 北京：清华大学
出版社, 2025. 9. -- ISBN 978-7-302-70305-1
　Ⅰ. TP18
中国国家版本馆 CIP 数据核字第 2025CJ6080 号

责任编辑：王　军
封面设计：高娟妮
版式设计：思创景点
责任校对：马遥遥
责任印制：杨　艳

出版发行：清华大学出版社
　　　网　　　址：https://www.tup.com.cn，https://www.wqxuetang.com
　　　地　　　址：北京清华大学学研大厦 A 座　　　　邮　　编：100084
　　　社 总 机：010-83470000　　　　　　　　　　邮　　购：010-62786544
　　　投稿与读者服务：010-62776969，c-service@tup.tsinghua.edu.cn
　　　质 量 反 馈：010-62772015，zhiliang@tup.tsinghua.edu.cn
印 装 者：北京联兴盛业印刷股份有限公司
经　　销：全国新华书店
开　　本：148mm×210mm　　　印　张：8.125　　　字　　数：231 千字
版　　次：2025 年 10 月第 1 版　　　印　次：2025 年 10 月第 1 次印刷
定　　价：59.80 元

产品编号：105677-01

读者感受

★★★★★一本为现代软件工程师打造的卓越、实用指南。

——Colin Kirk

本书见解深刻，示例设计精巧且实用，行文流畅，阅读体验极佳。运用书中所学，我的工作效率得到了极大提升。

★★★★★一本引领你借助生成式 AI 革新软件开发的指南。

——Madhuri Lokesh

刚读完《大模型辅助编程》，本书彻底改变了我对软件开发的认知。作者将复杂的 AI 概念拆解得通俗易懂，让 ChatGPT、GitHub Copilot、CodeWhisperer 等工具真正落地、可上手。

最打动我的是书中紧贴实战的讲解：从设计到编码，每一步都有 AI 辅助的实例，我立刻就能搬进自己的项目。其中第 4 章介绍的用 GitHub Copilot 做领域建模、理解设计模式，让我大开眼界。

读完后，我更深刻地体会到将 AI 引入开发流程时，测试与安全的重要性。书中关于最佳实践的讨论，不仅教我"怎么用"，更教我"怎么负责任地用"。

强烈推荐给所有想在软件开发中借力 AI 的同行——生成式 AI 正在重塑传统开发方式，而本书就是最好的路线图。

总之，它彻底刷新了我对"AI+编码"的思考，带来了启发，我会在工作中继续深挖。

★★★★★解锁 AI 工具在软件开发中的强大潜力。

——Nilay

《大模型辅助编程》是一本极具实用价值的入门指南，全面介绍了如何将 ChatGPT、GitHub Copilot 和 CodeWhisperer 等 AI 工具应用于软件开发。本书以通俗易懂的方式解析复杂概念，即使你是 AI 增强开发领域的新手也能轻松掌握。

书中对提示工程的讲解令我尤为赞赏。详细介绍的"优化模式"帮助调整提示词，获取更佳结果，特别有趣的"角色模式"演示如何使 AI 输出保持一致性。书中对不同工具的适用场景对比十分精辟：ChatGPT 擅长原型设计，而 Copilot 能在明确需求后极大提升编码效率。

总之，若你希望在编码项目中借助 AI 提升生产力，本书提供的清晰实用的指导和即学即用的示例将为你提供立即可操作的解决方案。

★★★★★开发者使用 ChatGPT 的绝佳入门指南。

——Rami

本书为开发者介绍了 ChatGPT 在实际工作中的多种应用场景，内容通俗易懂，编排合理，是学习 AI 辅助开发的优质选择。

谨以此书纪念 Catherine L. Crocker，

她的力量和爱一直指引着我。

虽然她已不在我们身边，但她的精神和智慧永远与我们同在。

我写的每一个字都蕴含了她的思想。

她虽然离开了这个世界，却永远留在我们心中。

译 者 序

　　大模型时代催生了以自然语言交互的编程范式。从最早的汇编语言到其后的低级编程语言，再到高级编程语言，需要程序员根据业务需求和拟解决问题动手编写代码、调试代码并运行代码。此外，不同的场景催生不同的高级编程语言。例如，如果是开发操作系统、数据库和嵌入式系统，C++、Rust 是最佳的编程语言；如果是做 Web 开发，Java、Go 和 C#是最佳的编程语言；如果是数据科学和算法建模，MATLAB、Python 和 R 是最佳的选择。这使得程序员需要掌握 2~3 门编程语言，学习门槛比较高。

　　大模型的出现彻底改变了这一局面。针对编程需求，目前已经出现了一批基于大模型形成的辅助编程工具，与 IDE 高度集成或者开发出 AI IDE。例如 Cursor IDE、Windsurf AI IDE、GitHub Copilot 和 Google AI Studio 等，这些都具备上下文引擎、多文件编辑、AI 集成和自然语言交互等方面的能力。这些工具不仅改变了传统的编程方式，还为开发效率、代码质量以及创新能力带来了新的可能性。

　　以大模型(ChatGPT、DeepSeek、Claude 等)作为编程引擎的 AI 辅助编程工具彻底改变了编程范式，由以前的程序员编程，到与 AI 工具结对编程，再到未来的 AI Agentic 编程(GitHub Copilot Workspace)，编程人员通过自然语言人机交互，从头脑风暴、规划、构建、测试和运行代码，很短时间内就可以实现自己的产品。

　　本书为程序员转型提供了指南。本书的出版正值这一领域发展的关键时期。本书深入探讨了如何将 AI 编程工具集成到软件开发过程中，提供了切实可行的建议和最佳实践案例。这不仅对资深开发者有所帮助，也为编程初学者提供了利用 AI 加速学习的机会。

本书结构清晰，内容丰富，从基础知识到高级应用，从理论介绍到实践案例，涵盖了 GitHub Copilot 和 ChatGPT 编程的方方面面。无论你是希望提高生产力的资深开发者，还是刚刚踏入编程世界的学习者，本书都能为你提供有益的指导。愿本书成为你的 AI 开发旅程中的一盏明灯！

对于开发者而言，合理选择工具至关重要。例如，GitHub Copilot 适合需要进行高效开发的团队和个人，而 Tabnine 更适合注重隐私保护的企业用户。同时，国内开发者应关注国产工具的发展，特别是在满足中文场景需求和合规性要求方面，充分利用华为 MindSpore Studio 和百度文心 Code 的功能。

本书附赠"Trae AI 编程工具入门与实例精讲"文档(可扫下面的二维码下载)，供读者参考和学习。

Trae AI 编程工具入门与实例精讲

在本书翻译过程中，西南交通大学外国语学院王艺锦参与本书的审校工作，感谢她为本书所作的一切努力。最后，感谢清华大学出版社的编辑，他们做了大量的编辑与校对工作，保证了本书的质量，使得本书符合出版要求，在此深表谢意。

由于本书涉及的内容广且深，加上译者翻译水平有限，在翻译过程中难免有不足之处，欢迎批评指正。

作 者 简 介

Nathan B. Crocker 是 Checker 的联合创始人兼 CEO，Checker 以 API 为主提供解决方案，将传统资本市场基础设施与区块链生态系统连接起来。凭借其在构建数字资产基础设施方面的专业知识，Nathan 目前负责 Checker 的技术愿景和开发工作，构建其核心基础设施，从而在区块链上运行新的金融应用程序。

致　　谢

撰写本书绝非易事，需要花费并投入大量时间，需要一丝不苟的努力。这是一条充满挑战的道路，但每走一步都是颇具价值的经历，让我更接近 AI 辅助编程这一广阔而迷人的世界。这段旅程如果没有杰出人士的支持和贡献，我无法开始，更无法完成。

衷心感谢我的编辑 Katie Sposato Johnson，她在本书的写作过程中起到了重要作用。她深刻的评论、批判性的见解和建设性的反馈帮助我提炼思想，并将其转化为条理清晰且引人入胜的文字。她坚定不移的付出和充满激情的投入对这个项目来说非常宝贵。

特别感谢我的技术编辑 Nicolai Nielsen，他是 SymphonyAI 的首席 AI 工程师，同时是一名程序员和内容创作者，在 YouTube 上制作 AI 和计算机视觉教育视频及课程，在帮助人们成长的同时也扩大他的品牌影响。Nicolai 的专业知识和对细节的敏锐眼光时刻警醒着我，不断提醒我在这一广阔的领域中还有许多知识要学。他的意见不仅具有教育意义，也让我感到谦卑，加深了我对该领域的理解并使我能够脚踏实地。

衷心感谢 Manning 出版社的所有人在这段旅程中给予我的不懈支持。他们的职业精神、合作态度和追求卓越的决心让我备受鼓舞。他们在本书的出版过程中发挥了重要作用，对此我深怀感激。

感谢所有审稿人：Carmelo San Giovanni、Chad Yantorno、Christopher Forbes、Dan McCreary、Dewang Mehta、Greg MacLean、Håvard Wall、Jeff Smith、Jim Matlock、Jonathan Boiser、Louis Aloia、Luke Kupka、Mariano Junge、Maxim Volgin、Maxime Boillot、Mike Piscatello、Milorad Imbra、Peter Dickten、Philip Patterson、Pierre-Michel

Ansel、Rambabu Posa、Rebecca Wagaman、Riccardo Marotti、Roy Wilsker、Stefano Pri-ola、Thomas Jaensch、Thomas Joseph Heiman、Tiago Boldt Sousa、Tony Holdroyd 和 Walter Alexander Mata López，你们的建议让这本书变得更好。

　　我最感谢的是我的家人，你们是我的精神支柱。感谢我的妻子 Jenn，谢谢你成为我的依靠，感谢你一直以来的耐心、理解和爱。感谢我的女儿 Maeve 和 Orla，你们是我的灵感源泉，你们的快乐、好奇心和无尽的热情激励着我前行。感谢所有支持我的家人，谢谢你们。

　　这本书是无数个小时的努力、投入和团队合作的结晶。我衷心感谢所有为本书做出贡献的人。谢谢大家。

关于封面插图

　　本书封面上的人物标题为 Junger kroatischer Gebirgsbauer，意为"年轻的克罗地亚山区农民"，取自 1912 年出版的历史和民俗服装插图集。该图集的每幅插图都由手工精细绘制和上色而成。

　　在那个时代，仅凭人们的着装就能轻易辨认出其居住地、职业或社会地位。Manning 出版社以几世纪前丰富多彩的区域文化为基础，并通过这类插图集中的图片重现往昔人们的精神风貌，以此彰显计算机行业具有的创造性和主动性。

序　言

　　欢迎阅读本书,这是探索编程与 AI 之间共生关系的门户。本书不仅讲述 AI 及其在软件开发中的应用,而且介绍通过前沿 AI 模型(如 ChatGPT 和 GitHub Copilot)的辅助探索编程的未知领域。翻开本书,读者将踏上探索与发现的旅程,以全新的视角发掘 AI 如何重塑和提升编程领域。

　　本书的精髓在于其非常规的指导方法。与大多数技术文献不同,它并不要求读者遵循固定的脚本或模式。因为本书涉及 LLM 在软件开发中的应用,在这个领域中,即使输入相同,输出也可能千差万别。与其说这是一张规划预定路线的地图,不如将其视为一个指南针,指引读者在充满可能性的迷人风景中前行。

　　本书鼓励做实验、提问题,最重要的是,对意外结果持开放态度。本书会引发好奇心,激发创造力,并促进读者提升解决问题的能力。像 ChatGPT 和 Copilot 这样的 LLM 领域不仅提供辅助编程,还提供了一个具有变革性的框架,有可能从根本上革新软件开发。

　　这本书本质上扮演了导师的角色,是推动超越传统编程熟悉边界的催化剂,鼓励探索 AI 与编程之间的复杂交互。它激发对生成式 AI 模型未知潜力的兴趣。通过大量真实案例、实践练习和深入了解,不仅能学会如何使用这些 AI 工具,还能更深入地了解其工作原理、潜力和局限性。

　　然而,与跟随其他导师一样,这段旅程的收获与激情、好奇心和投入成正比。通过深入研究、提问和质疑假设,读者不仅会获得技术技能,还将从更广阔的视角了解在 AI 时代成为开发人员意味着什么。

在软件开发领域，当今正处于令人振奋的时代。AI和机器学习正在颠覆传统范式，提供新的工具和方法，这可以显著提高生产力、创造力和效率。将AI融入开发流程可以解决更复杂的问题，简化工作流程，并从根本上改变编写代码的方式。

本书不仅是一本书，还是通往新世界——一个将编程逻辑与AI的能力和灵活性相结合的世界——的大门。无论是经验丰富的开发人员还是充满热情的初学者，均可通过本书学习工具、技术和知识，以此在环境的不断变化中开辟自己的道路。

请记住，千里之行，始于足下。阅读本书，就已经迈出了这第一步。现在，让我们一起走进智能编程的精彩世界，享受这段旅程吧！

前　言

本书是掌握LLM(如 ChatGPT 和 CoPilot)如何与软件开发过程相集成的必备指南。本书提供了实用建议，展示了最佳实践，指导利用人工智能(AI)提升项目质量。从使用 AI 的注意事项到真实案例，读者将获得所需的见解和工具，来提升开发技能，并在不断变化的技术领域中保持领先。

本书读者对象

无论是专业开发人员还是业余爱好者都能从本书中受益。虽然这本书主要面向有经验的开发人员，但大模型(Large Language Model，LLM)[1]有助于快速学习，因为这些工具可以提供解释、代码示例以及编程概念的指导。有经验的开发人员可以利用这些工具提高效率，简化编程流程，更高效地应对复杂的编程挑战。这些工具还可以协助生成代码片段、调试，并提供关于最佳实践的见解。

本书内容

本书主要分为 4 个部分，并配备 3 个实用的附录，用于指导读者设置 3 个 AI 工具。

1　译者注：Large Language Model 中文翻译为"大规模语言模型""大型语言模型""大模型"，本书中文统一为"大模型"，英文统一为 LLM。

第 I 部分：基础

第 1 章介绍 LLM，追溯其历史并阐释了生成式 AI 的概念。该章还就如何恰当和谨慎地使用这些技术提出了建议。

第 2 章介绍如何开始使用 LLM，比较了 ChatGPT、GitHub Copilot 和 CodeWhisperer，并详细说明了使用它们的初步步骤。

第 II 部分：输入

第 3 章通过信息技术资产管理(ITAM)系统项目示例，讲解如何在 ChatGPT 的辅助下设计软件。

第 4 章着重介绍如何使用 GitHub Copilot 构建软件，涵盖了诸如领域建模、不可变性和设计模式等基本概念。

第 5 章深入探讨如何使用 GitHub Copilot 和 Copilot Chat 管理数据，包括使用 Kafka 进行实时资产监控以及使用 Apache Spark 进行数据分析。

第 III 部分：反馈

第 6 章讨论使用 LLM 开发的软件的测试、质量评估和解释过程，包括漏洞查找和代码转换。

第 IV 部分：走向世界

第 7 章涵盖从构建 Docker 镜像到使用 GitHub Actions 设置持续集成/持续部署(CI/CD)管道的基础设施编程和管理部署知识。

第 8 章讨论如何使用 ChatGPT 开发安全应用程序，包括威胁建模和安全最佳实践应用。

第 9 章探讨"随时随地使用 GPT"的概念，包括托管自己的 LLM 以及通过 GPT-4All 实现访问民主化。

附录提供设置 ChatGPT、Copilot 和 CodeWhisperer 的简单指导，确保具备开始 AI 辅助编程所需的操作知识。

除最后一章外，本书应按顺序阅读，因为每一章都是在前一章的基础上构建的。

关于代码

读者可扫描下面的二维码，下载本书示例的完整代码。

目　　录

第Ⅳ部分 走向世界

第I部分

基　础

第I部分全面介绍LLM及其在现代软件开发中的重要性。该部分追溯生成式AI的历史演变，为这些强大的技术提供坚实的概念框架；同时强调负责任并谨慎使用的重要性，引导读者了解将AI融入工作流程中的基本原则和潜在隐患。此外，第I部分提供实用的建议，帮助读者着手使用 LLM，比较 ChatGPT、GitHub Copilot 和 CodeWhisperer 等流行工具，并详细介绍有效利用其功能的初始步骤。

第 *1* 章

了解LLM

本章内容:
- 介绍生成式 AI——LLM
- 探索生成式 AI 的优势
- 确定何时使用生成式 AI

无论你是否意识到,也无论是否愿意承认,有了生成式 AI,你便已经悄然晋升。每一位专业软件工程师都如此。几乎在一夜之间,从员工变成了经理。现在,你团队中拥有世界上最聪明、最有才华的初级开发人员——生成式 AI 成了你新的编程伙伴。因此,指导、培训和进行代码审查应该成为你日常工作的一部分。本章将介绍生成式 AI 的一个子集 LLM,特别是 ChatGPT、GitHub Copilot 和 AWS CodeWhisperer。

注意:这不是一本传统的编程书。不能像使用脚本一样使用它。与 LLM 进行对话时,就像其他任何对话一样,内容和方向会根据模

型和先前的语境而变化。输出很可能与书中的内容不同。你不应该
因此而气馁；相反，应该去探索。旅程本身和目的地一样令人愉悦。
你可能会因为无法跟上进度而感到沮丧。无论如何，要有耐心。如
果有纪律性并且稍微有点冒险精神，则可以让 GPT 与本书的主题和目
标相契合：学习如何使用生成式 AI 让自己成为一名更好的程序员。

1.1　加速开发

　　在软件开发的新时代中，开发团队增加了一位非常有才华的工
程师。生成式 AI 不仅是一个工具，还是一名团队成员，能够将编程
质量提升到新的高度。设想一下设计复杂的系统、前所未有的编程
速度，以及难以想象的强大测试——这一切都离不开从最佳实践中
学习的智能。本书将探讨生成式 AI 如何辅助完成日常编程任务，以
及帮助实现以前无法企及的目标，确保获得更快的开发速度、更高
的质量以及前所未有的创新能力。

　　LLM 和生成式 AI 可以极大地加速软件开发过程。将烦琐的样
板代码创建自动化有助于专注于创造性的问题求解和增值任务。例
如，要想让 LLM 创建一个 Flask 应用程序，可以使用以下提示。

NC　　生成一个简化的 Flask 应用程序。

LLM 可能会输出如代码清单 1.1 所示的 Python 代码。

代码清单 1.1　由 LLM 生成的用于构建 Flask 应用程序框架的代码

```python
from flask import Flask

app = Flask(__name__)

@app.route('/')
def home():
    return "Hello, world!"
```

```
if __name__ == '__main__':
    app.run(debug=True)
```

LLM 是深度学习模型，擅长对自然语言提示作出自然语言响应。可以想象，只需要用简单的英语描述需求，就能收到可集成的代码。

NC 创建一个用于管理用户会话的 Python 类。

代码清单 1.2 是 LLM 可能作出的响应。

代码清单 1.2　创建会话管理类的代码

```python
import uuid
from datetime import datetime, timedelta

class SessionManager:
    def __init__(self):
        self.sessions = {}

    def create_session(self, user_id):
        """Create a new session for a user with a unique session
ID and expiration time."""
        session_id = str(uuid.uuid4())
        # 会话在 1 小时后过期
        expiration = datetime.now() + timedelta(hours=1)
        self.sessions[session_id] = {'user_id':
        user_id, 'expiration': expiration}
        return session_id

    def get_user_id(self, session_id):
        """Retrieve a user ID from a session ID
            if the session is still valid."""
        session_info = self.sessions.get(session_id)
        if session_info and session_info['expiration'] >
datetime.now():
            return session_info['user_id']
        return None  # 会话已过期或不存在
```

```
def delete_session(self, session_id):
    """Delete a session by its ID."""
    if session_id in self.sessions:
        del self.sessions[session_id]

def is_session_valid(self, session_id):
    """Check if a session is still valid."""
return session_id in self.sessions and self.sessions
[session_id]['expiration'] > datetime.now()
```

这些工具还能通过识别模式和建议修复来提高调试效率。假设想要 AI 工具分析一段代码并标记潜在的内存泄漏,它可能会生成代码清单 1.3。

代码清单 1.3　使用 LLM 在 Python 中查找潜在的内存泄漏

```
def process_data():
large_data = [x for x in range(1000000)] # 大型数字列表
result = sum(large_data)
print("Result of processing:", result)
# large_data 未清除或重新分配,
# 可能导致记忆保留

process_data()
```

根据 ChatGPT 提供的解释,这段 Python 代码展示了一个潜在的内存泄漏问题,原因是一个大型列表在使用后未清除。如果引用管理不当,它在内存中保留内容的时间会超过实际需要。

如代码清单 1.4 所示,在改进的代码中,AI 工具建议在使用列表后,特别是在垃圾回收不积极的环境中,显式清空列表或将其重新赋值为 None,以便更快释放内存。

代码清单 1.4　用"改进"的 LLM 代码解决潜在的内存泄漏问题

```
def process_data():
    large_data = [x for x in range(1000000)] # 大型数字列表
```

```
    result = sum(large_data)
    print("Result of processing:", result)
    large_data = None # 清除引用以释放内存

process_data()
```

此外，在涉及重构时，AI 会建议采取优化措施，使代码更简洁、更高效，如代码清单 1.5 和代码清单 1.6 所示。

代码清单 1.5　建议重构之前的冗长代码

```
class DataProcessor:
    def __init__(self, data):
        self.data = data

    def process_data(self):
        if self. data is not None:
            if len(self.data) > 0:
                processed_data = []
                for d in self.data:
                    if d is not None:
                        if d % 2 == 0:
                            processed_data.append(d)
                return processed_data
            else:
                return []
        else:
            return []

processor = DataProcessor([1, 2, 3, 4, None, 6])
result = processor.process_data()
print("Processed Data:", result)
```

重构后，代码更易读、更易于维护且更符合惯用法。

代码清单 1.6　更简洁的 LLM 重构代码

```
class DataProcessor:
    def __init__(self, data):
```

```
    self. data = data or []

def process_data(self):
    return [d for d in self.data if d is not None and d % 2 == 0]

processor = DataProcessor([1, 2, 3, 4, None, 6])
result = processor.process_data()
print("Processed Data:", result)
```

LLM 不仅可以生成代码,还能够协助设计软件架构。这一能力有助于开发人员更富有创意和战略性地与该模型交互。例如,开发人员不再仅请求特定的代码片段,而是可以描述系统的总体目标或功能需求。LLM 可以提出不同的架构设计、建议设计模式或概述整个系统的结构。此种方法不仅节省大量时间,还充分利用 AI 的广泛训练来创新和优化解决方案,并且可能引入人类开发人员最初未考虑到的功效或想法。这种灵活性使 LLM 成为软件开发的创造性和迭代过程中不可或缺的合作伙伴。第 3 章将对此进行探讨。

此外,通过提高从代码到文档等各种交付物的质量和安全性,这些工具能够确保输出达到最高标准。例如,在集成新库时,AI 可以自动生成安全、高效的实现示例,帮助避免常见的安全陷阱。

最后,学习新的编程语言或框架变得更加容易。AI 可以提供实时、语境感知的指导和文档,不仅有助于概念的理解还能促进实际应用。例如,当转向像 Dash 这样的新框架时,AI 助手可以立即生成符合当前项目场景的示例代码片段和详细解释(如代码清单 1.7 所示)。

代码清单 1.7   LLM 生成的演示如何使用程序库的示例代码

```
import dash
from dash import dcc, html
from dash.dependencies import Input, Output
import pandas as pd
import plotly.express as px
```

```python
# 样本数据创建
dates = pd.date_range(start='1/1/2020', periods=100)
prices = pd.Series(range(100)) + pd.Series(range(100))/2
# 只是一个简单的序列,用于模拟股票价格
data = pd.DataFrame({'Date': dates, 'Price': prices})
# 初始化 Dash 应用(通常在主模块中)
app = dash.Dash(__name__)

# 定义应用程序的布局
app.layout = html.Div([
    html.H1("Stock Prices Dashboard"),
    dcc.DatePickerRange(
        id='date-picker-range',
        start_date=data['Date'].min(),
        end_date=data['Date'].max(),
        display_format='MMM D, YYYY',
        start_date_placeholder_text='Start Period',
        end_date_placeholder_text='End Period'
    ),
    dcc.Graph(id='price-graph'),
])

# 回调以根据日期范围选择器的输入更新图表
@app.callback(
    Output('price-graph', 'figure'),
    Input('date-picker-range', 'start_date'),
    Input('date-picker-range', 'end_date')
)
def update_graph(start_date, end_date):
    filtered_data = data[(data['Date'] >=
            start_date) & (data['Date'] <= end_date)]
    figure = px.line(filtered_data, x='Date',
            y='Price', title='Stock Prices Over Time')
    return figure

# 运行应用程序
if __name__ == '__main__':
    app.run_server(debug=True)
```

可以在图 1.1 中看到这段代码的输出,这是运行中的 Dash 代码。

　　LLM 的真正威力在于其在开发环境中的集成。像微软开发的 GitHub Copilot 这样的工具,利用了 LLM 的能力,在集成开发环境(如 Visual Studio Code)中提供实时编程辅助。第 4 章将对此进行介绍。

　　本书不仅会解释这些概念,还会通过大量示例进行演示,展示如何使用 LLM 显著提高效率和代码质量。读者将学会如何在日常开发中充分利用这些智能工具来设置环境及应对复杂的编程挑战。

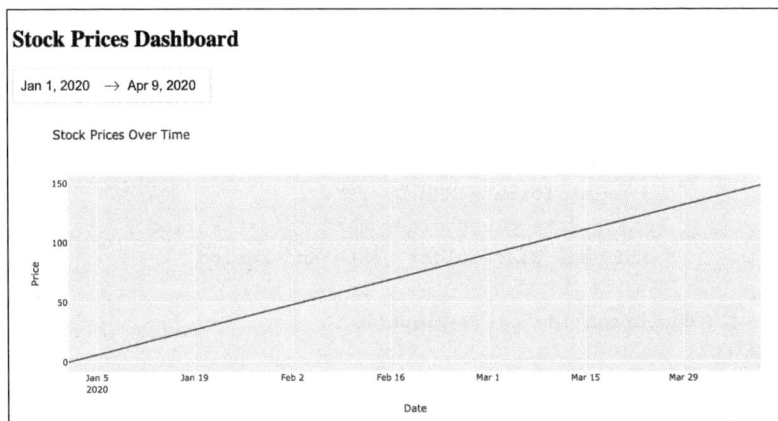

图 1.1　ChatGPT 根据提示"使用 Dash 创建一个示例仪表板"生成的股票价格仪表板

1.2　LLM 介绍

　　本书主要是实践指南,因此理论部分较少,但以下章节将提供最相关的内容,尽可能帮助"新队友"发挥其作用。

相关拓展

如果有兴趣深入了解 LLM、神经网络以及生成式 AI 背后的理论,可以参考以下两本书: Sebastian Raschka 出版的 *Build a Large Language Model (From Scratch)*(Manning, 2024)和 David Clinton 所著的

The Complete Obsolete Guide to Generative AI(Manning, 2024)。

首先介绍 LLM 的定义及其功能，以便于你将其更好地推荐给老板和同事。LLM 是一种 AI 模型，基于训练数据来处理、理解和生成类似人类的文本。这些模型是深度学习的子集在 NLP 等领域特别受欢迎。

顾名思义，这些模型的"庞大"不仅体现在训练数据的物理大小上，还体现在复杂性和参数数量上。现代LLM(如 OpenAI 的 GPT-4)拥有高达数千亿个参数。

LLM 通过大量的文本数据进行训练。这种训练涉及阅读和分析大量互联网文本、书籍、文章和其他形式的书面表达，以学习人类语言的结构、细微差别和复杂性。

大多数 LLM 使用 Transformer 架构，这是一种依赖自注意力机制的深度学习模型，可以忽略位置的影响来衡量句子中不同单词的重要性。这使得 LLM 能够生成更具语境[1]相关性的文本。一个 Transformer 模型通常由编码器和解码器组成，两者均为多层结构。

了解 LLM 的架构有助于更有效地利用其功能，并在实际应用中解决其局限性。模型不断演化有助于将来为开发人员提供更精细的工具来增强应用程序。

1.3　何时使用或避免使用生成式 AI

生成式 AI(包含 LLM)并不是一劳永逸的解决方案。了解何时使用该技术，以及识别其可能效果不佳甚至存在问题的情况，对于最大限度发挥其优势并减少潜在缺点至关重要。首先将介绍何时适合使用 LLM。

---

1 context 在本书有两种翻译方式，在大模型场景中，翻译为"语境"；在软件设计模型中，翻译为"上下文"。

- 提升效率。
  - 示例：使用 AI 自动生成模板代码、生成文档或在 IDE 中提供编程建议。
  - 第 3 章和第 4 章探讨像 GitHub Copilot 这样的工具如何提高编程效率。
- 学习与探索
  - 示例：利用 AI 学习新的编程语言或框架(通过生成示例代码和解释)。
  - 第 5 章研究 AI 如何加速学习过程并介绍新技术。
- 处理重复任务。
  - 示例：使用 AI 处理重复的软件测试或数据录入任务，腾出时间解决更复杂的问题。
  - 第 7 章讨论自动化在测试和维护任务中的应用。

然而，某些情况(主要涉及数据安全和隐私保护)下，应避免使用 LLM 和生成式 AI 工具，如 ChatGPT 和 GitHub Copilot。在敏感或专有数据环境中使用 AI 可能会导致意外的数据泄露。原因之一是部分或全部代码作为语境发送给模型，这意味着至少部分专有代码可能会流出防火墙。还存在一个问题，即这些代码是否会被包含在下一轮训练的数据中。但请放心，第 9 章将探讨几种解决方法。

另一种需要限制使用的情况是：需要精确性和专业性。鉴于 LLM 的一个特点是能够在输出中加入随机性(有时被称为幻觉)，其输出可能会与正确答案存在细微差异。因此，在将输出纳入代码库之前，应始终对其进行验证。

尽管生成式 AI 有许多优势，但必须谨慎使用，同时考虑其使用背景和项目的具体需求。了解何时使用这些强大的工具以及何时应谨慎使用，开发人员可以最大限度发挥其效率，并确保技术高效使用且合乎道德。

1.4 本章小结

- 生成式 AI 既是渐进的，也是革命性的。它是渐进的，因为开发人员每天使用的工具只是其又一个新版软件；它是革命性的，因为它将改变我们的工作方式。
- 未来，开发将涉及如何管理生成式 AI。即使是 10 个传奇的开发人员也无法与拥有 AI 搭档的开发人员相匹敌；借助 AI 的开发人员将以更快的速度、更低的成本产出更高质量的代码。与不使用 AI 编程相比，使用 AI 需要花费更多的时间训练 AI 搭档来按需工作。
- 要信任但也要验证 LLM 的输出。

第 *2* 章

使用LLM

本章内容：
- 与 ChatGPT 交互
- 了解使用 Copilot 的基础知识
- 了解使用 CodeWhisperer 的基础知识
- 探索提示工程模式
- 对比上述 3 种生成式 AI 的差异

本章将利用 3 种开创性的工具(ChatGPT、GitHub Copilot 和 AWS CodeWhisperer)实践探索生成式 AI 领域。在深入研究该技术的同时还会模拟顶尖科技巨头提出的严格面试问题，将其应用于一系列具有挑战性的场景。无论是经验丰富的开发人员还是充满好奇的技术爱好者，都要准备好解锁创新策略——这可能会为下一次技术面试增加优势；同时准备好将抽象概念转化为切实可行的解决方案，站在 AI 技术招聘发展的最前沿。

下面将首先使用 ChatGPT 的两个现有模型：GPT-4 和 GPT-3.5。这样做有两个目的：一是有助于了解 ChatGPT 的交互模式；二是推动构建基准，以便与其他两个模型进行对比。使用这两个模型还将帮助我们理解模型版本之间的代际变化。最后，本章将使用一些常见的提示工程模式。

2.1　ChatGPT

语境是使用 ChatGPT 时涉及的最重要的方面之一。之前的提示可能会极大地改变当前提示结果。在像 ChatGPT 这样的语言模型中，提示指的是提供给模型以生成响应的输入。提示可以是一句话、一段文字，甚至是一篇较长的文章。它充当对模型发出的指令或查询，引导模型作出响应。考虑到提示的质量以及模型响应的语境，要始终注意在当前会话中发出的提示。因此，建议每次开始新项目时都从新会话开始。附录 A 将指导如何设置账户、登录 ChatGPT 并编写提示。

2.1.1　使用 GPT-4 处理细微差别

本节将致力于解决以下问题：如何在 Python 中反转一个单链表？

什么是单链表

单链表是计算机科学中的一种基本数据结构，由一系列元素组成，每个元素存储在一个节点中。通常，单链表由节点构成，每个节点包含数据和指向下一个节点的引用。

单链表只能单向遍历。常见的单链表操作包括插入(添加新节点)、删除(移除节点)、查找(定位节点)和遍历(依次访问每个节点)。

下面是一个简单的提示。

NC　今后，当我提问时，请尝试提出一个更好的问题。作为一名计算机科学专业的实习生，如何用伪代码定义单链表？

当然，这可能不是一个简单的提示。首先，我们已经指示 ChatGPT 根据其训练数据来改进问题，因此会得到更好的提示。更好的提示会产生更好的输出。你可能会问，怎样才能得到更好的提示？非常好的问题！一般的提示会产生一般的结果。具体的提示会产生具体的结果。与 LLM(包括 ChatGPT)交互时，将从一般到具体逐步细化输出。这在提示工程中被称为细化模式：反复优化或改进提示，以获得更准确、相关或精细的响应。

提示的第二部分介绍了将在本书中反复出现的提示模式：角色模式。在提示工程(主要与 AI 和 LLM 相关)中，角色模式指的是设计提示的一种策略，旨在为 AI 设立一个特定的角色或身份。这种方法可以引导模型作出一致并符合语境的响应。使用角色模式的关键好处之一便是保持响应的一致性。遵循定义好的角色可以使 AI 的响应更具可预测性，并且与用户的期望一致。在本例中，要求 ChatGPT 假设一个具有计算机科学背景的实习生角色。为什么选择实习生？因为需要一个能够完成该工作的角色。

需要重申的是，在与 LLM 交互时，即使应用了角色模式，相同的输入也不一定会产生相同的输出。因此，输出可能不会与以下内容完全一致，但希望它是相似的(注意，代码清单 2.1 是伪代码)。

代码清单 2.1　ChatGPT 对反转链表问题的重新表述

作为计算机科学实习生该如何使用伪代码定义单链表的结构和基本操作？该定义应包括列表的基本组件，如节点和链接，并概述诸如创建节点、向列表中添加节点以及遍历列表等基本操作。

当被问到上述优化过的问题时，ChatGPT 将提供代码清单 2.2。

代码清单 2.2　ChatGPT 对如何反转链表的回答

```
#节点结构
class Node
    data
    nextNode

    Constructor(data)
        this.data = data
        this.nextNode = NULL
    #单链表结构
class SinglyLinkedList
    head

    Constructor()
        this.head = NULL

    Function AddToFront(data)
        newNode = new Node(data)
        newNode.nextNode = this.head
        this.head = newNode

    Function Append(data)
        newNode = new Node(data)
        if this.head is NULL
            this.head = newNode
            return
        end if

        lastNode = this.head
        while lastNode.nextNode is not NULL
            lastNode = lastNode.nextNode
        end while

        lastNode.nextNode = newNode

    Function Traverse()
        currentNode = this.head
        while currentNode is not NULL
```

```
    print currentNode.data
    currentNode = currentNode.nextNode
end while
```

使用 ChatGPT 可以提高生活质量。其出色功能之一是，它通常会提供有关代码的文档。图 2.1 是 ChatGPT 提供的文本描述的截图。

- **Node Class**: Represents each element in the list with a `data` field and a `nextNode` field pointing to the next node in the list.

- **SinglyLinkedList Class**:

  - `AddToFront`: Inserts a new node at the beginning of the list.

  - `Append`: Adds a new node at the end of the list.

  - `Traverse`: Iterates through the list from the head and prints the data of each node.

The pseudocode outlines the basic structure and operations of a singly linked list, suitable for an intern with a computer science background. It covers node creation, list initialization, and basic methods to manipulate the list.

图 2.1　ChatGPT 模型 4 对单链表伪代码定义的解释

现在让 ChatGPT 扮演一个新的角色——计算机科学实习生。

NC　作为一名计算机科学专业的实习生，你将如何使用编程语言 Python 定义单链表的结构和基本操作？该定义应包括链表的基本组件，例如节点和链接，并概述诸如创建节点、向链表中添加节点以及遍历链表等基本操作。

ChatGPT 将提供代码清单 2.3。

代码清单 2.3　ChatGPT 使用 Python 实现的单链表

```
class ListNode:
    def __init__(self, value):
        self.value = value
        self.next = None


class SinglyLinkedList:
```

```
def __init__(self):
    self.head = None # 列表最初没有任何节点

def append(self, value):
    """ Append a new node at the end of the list """
    if not self.head:
        self.head = ListNode(value)
        return
    current = self.head
    while current.next:
        current = current.next
    current.next = ListNode(value)

def prepend(self, value):
    """ Prepend a new node at the beginning of the list """
    new_node = ListNode(value)
    new_node.next = self.head
    self.head = new_node

def traverse(self):
    """ Traverse the list and print each node's value """
    current = self.head
    while current:
        print(current.value, end=" -> ")
        current = current.next
    print("None")
```

　　ChatGPT 可能会包含一个示例测试框架来运行此代码，如代码
清单 2.4 所示。

代码清单 2.4　基于 Python 实现和运行单链表的方法

```
# 创建一个新的链表
linked_list = SinglyLinkedList()

# 将节点添加到列表中
linked_list.append(1)
linked_list.append(2)
```

```
# 在列表前添加一个节点
linked_list.prepend(0)

# 遍历和打印列表
linked_list.traverse() # 输出:0->1->2->None
```

　　同样，可以将角色细化为参加工程类工作面试的应聘者。角色的转换会向 ChatGPT-3.5 模型发出信号，表明其应解释代码和解决问题的方法。

NC　　你是一名计算机科学专业的学生，正在一家软件公司面试工程职位。面试官根据之前对单链表(在 Python 中)的定义，问了你一个问题：如何编写方法来反转遍历方法的输出？如何实现这样的方法？

ChatGPT 将提供代码清单 2.5。

代码清单 2.5　ChatGPT 对如何反转单链表的解释

实现反转单链表遍历方法的输出需要反转链表中的实际链接。这个过程涉及将每个节点的下一个引用改为指向之前的节点。在反转链接后，遍历链表通常将产生顺序颠倒的元素。

```
def reverse(self):
    """ Reverse the linked list """
    prev = None
    current = self.head
    while current:
        next_node = current.next
        current.next = prev
        prev = current
        current = next_node
    self.head = prev
```

ChatGPT 可能会输出类似于图 2.2 所示的文本，解释解决问题的方法和思路。

Explanation of the Reverse Method:

1. **Initializing Pointers**: Two pointers, `prev` and `current`, are used. `prev` starts as `None`, and `current` starts at the head of the list.
2. **Reversing Links**: In each iteration of the while loop:
   * Temporarily store the next node (`next_node`).
   * Set `current.next` to `prev` to reverse the link.
   * Move `prev` to `current`.
   * Advance `current` to `next_node`.
3. **Updating Head**: Once the loop is finished (when `current` is `None`), `prev` is pointing to the new head of the reversed list. We update the list's head to `prev`.

图 2.2　ChatGPT 模型 4 对反转链表的伪代码定义的解释

此方法实现有效地就地反转了单链表，遍历方法将按与原始插入顺序相反的顺序输出元素。

2.1.2　使用 GPT-3.5 绘制路径

本节将探讨如何利用 ChatGPT-3.5 在 Python 中创建单链表。ChatGPT-3.5 擅长根据接收到的输入生成类似人类的文字，这使其成为编程辅助的重要工具，可以提供一步步的指导、提出改进建议，并对复杂的编程概念进行详细解释。

创建单链表需要使用 ChatGPT-3.5 生成必要的 Python 代码。单链表是一种数据结构，由节点组成，每个节点包含一个值和对序列中下一个节点的引用。这种结构特别适用于动态内存分配以及高效的插入和删除操作。使用 ChatGPT-3.5 可以简化单链表的编程过程，确保其实现既高效又易于理解。代码清单 2.6 的示例演示了如何定义 Node 和 LinkedList 类、初始化列表以及执行插入和遍历等基本操作。

代码清单 2.6　由 ChatGPT-3.5 实现的单链表

```
class Node:
    def __init__(self, data):
```

```
        self.data = data
        self.next = None

class LinkedList:
    def __init__(self):
        self.head = None

    def prepend(self, data):
        new_node = Node(data)
        new_node.next = self.head
        self.head = new_node

    def append(self, data):
        new_node = Node(data)
        if not self.head:
            self.head = new_node
            return
        current = self.head
        while current.next:
            current = current.next
        current.next = new_node

    def display(self):
        current = self.head
        while current:
            print(current.data, end=" -> ")
            current = current.next
        print("None")

    def reverse_and_display(self):
        prev = None
        current = self.head
        while current:
        next_node = current.next
            current.next = prev
            prev = current
            current = next_node
        self.head = prev
```

```
        current = self.head
        while current:
            print(current.data, end=" -> ")
            current = current.next
        print("None")


# 示例用法:
if __name__ == "__main__":
    linked_list = LinkedList()

    linked_list.append(1)
    linked_list.append(2)
    linked_list.append(3)

    linked_list.prepend(0)

    linked_list.display()
    linked_list.reverse_and_display()
```

　　可以双向应用角色模式：让 LLM 像某个角色中的人或事物那样作出响应，或者让 LLM 假设使用者为某个特定的角色。在用简化方式解释代码或尝试理解复杂主题的情况下，这种方法非常有用。例如，可以要求 ChatGPT 用简化方式解释代码。

NC 　假设我已经从大学毕业并获得传播学学位，但我没有计算机科学方面的经验。你该如何向我解释这种方法呢？

　　代码清单 2.7 展示了 ChatGPT 如何向没有计算机科学背景的人解释该方法。

代码清单 2.7　ChatGPT 向非计算机科学家提供的解释

当然！接下来以一种不涉及专业术语或计算机科学概念的方式来解析 reverse_and_display 方法。

想象书架上放着一套书，每本书里都有一个书签指向书架上的下一本书。这套书代表链表，而书签则代表书目之间的下一个连接。

准备阶段：从第一本书(链表的开头)开始，双手做好准备：一只手用来记下刚读过的书(prev)，另一只手用来拿当前正在读的书(current)。还有一个空的临时存放处(如一张桌子)，帮助你暂时记住下一本要读的书。

改变顺序：现在来改变书的顺序。每一本书(节点)按以下步骤操作：
a.使用书签(下一个引用)找到下一本要读的书，并将其放在临时存放处(桌子上)。这就像记下下一本要读的书的位置。
b.把当前书中的书签翻转过来，使其指向刚读过的书。这意味着当前这本书现在连接的是刚读过的书，而不是下一本要读的书。这就像翻转书签。
c.交换手中的书：把刚读过的书(prev)放在左手(为下一次迭代做准备)，把当前正在读的书(current)放在右手(以便处理下一本要读的书)。
d.走到放下一本书的地方(桌子上那本书)，继续这个过程。

重新开始：不断重复上述步骤，直到没有书可读。此时，右手拿着最后一本书(也就是刚开始的第一本)，而左手是空的。现在，把手中拿着的第一本书(原顺序中的最后一本书)放回书架上重新作为第一本书。

倒序阅读：最后，从新的第一本书开始，按照翻转后的书签顺序阅读。每读一本书，大声说出其书名。这样就能知道书名的倒序列表。

因此，reverse_and_display 方法实际上改变了书架上书(节点)的顺序，然后按反转后的顺序读取书名(数据)。

　　反向使用角色模式在提示工程的背景下通常被称为受众角色模式。这指的是为特定应用程序或用例的目标受众预先定义的画像或描述。其有助于调整由 LLM 作出的响应，以便更好地满足特定用户群体的需求和期望。在讨论 GitHub Copilot 之前，先比较一下每个模型的输出质量。

2.1.3　在 AI 海洋中航行：从 GPT-3.5 "海岸" 到 GPT-4 "天际线"

　　这两个模型输出之间的显著差异在于其输出的复杂性和透明度，特别是在模型与数据结构交互并对其进行修改方面。GPT-3.5 和 GPT-4 所采用方法的不同，凸显了 AI 生成的代码向更清晰和更可预测性广泛转变。AI 模型愈发先进，其输出便愈发体现优质编程实践的细微差别，这反映了人类程序员技能和敏感性的演变。这一演变对于 AI 成为可靠的软件开发合作伙伴至关重要，在软件开发中，清晰和精确不仅是理想条件，更是必要条件。

使用 GPT-3.5 时，reverse_and_display 方法在执行过程中有些不透明。该版本模型改变了链表的底层数据结构，有效反转了节点。然而，它并没有明确地向用户传达这一变化。从开发人员的角度看，这可能会产生意外的副作用。例如，如果调用 reverse_and_display 并假设只显示反转后的列表，会发现原始列表结构已被永久改变。这种操作缺乏透明度，容易导致混淆和错误，特别是在复杂的应用程序中，原始数据结构的完整性至关重要。

相比之下，GPT-4 的 reverse 方法更精细。该方法明确地反转了链表，任何有经验的程序员都可以从其名称和结构推理出它会修改底层数据结构。GPT-4 的方法更符合代码整洁可维护的原则。该方法体现出每个函数或方法应执行明确定义的任务这一理念。这里体现了关注点分离：链表的反转和显示被视为独立的操作。这增强了代码可读性，并降低了出现意外副作用的可能性，因为开发者完全清楚对数据结构所作的变化。

2.2 Copilot

下面使用 GitHub Copilot 来解决同样的问题。附录 B 将介绍如何创建账户并将插件安装到最喜欢的 IDE(假设为 VS Code 或 PyCharm)中。完成安装后，应在 IDE 中创建一个新项目。首先，创建一个名为 main.py 的新文件。在这个文件的开头，输入以下注释/提示：

> # 你是一名计算机科学专业的学生，正在一家软件公司面试工程师职位。面试官问了你以下问题：根据之前定义的单链表(用 Python)，如何编写方法来反转遍历方法的输出？如何实现这样的方法？

注意开头的井号字符表示 Python 注释。特别有趣的是，在 ChatGPT 和 GitHub Copilot 中使用了相同的提示。

接下来，注意当开始输入 ListNode 类的定义时，Copilot 会提供代码建议。这是内联模式的交互方式。或者，可以按 Ctrl+Enter 键激活交互模式，让 Copilot 根据当前语境生成多达 10 个建议。

注意: 整本书主要使用内联模式，可以按下 Tab 键接受给定建议。

得到的代码可能类似于 ChatGPT 创建的源代码。下面尝试一个稍微不同的编程挑战，不重复上一节中的相同代码。要求 Copilot 执行以下任务:

给定一个未排序的整数数组，编写一个函数来找出数组中的第 k 个最小元素。可以讨论一下解决方案中的时间复杂度和空间复杂度吗?

在几个换行之后，Copilot 会添加注释，该注释讨论这段代码的时间复杂度和空间复杂度以及整个问题(见代码清单 2.8)。

代码清单 2.8   ChatGPT 计算并报告此代码的复杂度

```python
def kth_smallest_element(arr, k):
    # 时间复杂度: O(N)
    # 空间复杂度: O(1)
    if k > len(arr):
        return None
    return sorted(arr)[k - 1]
```

Copilot 的建议虽然值得赞赏且完全合理，但在面试中可能不会被接受。这感觉像是在作弊。我们应预料到会有后续问题，要求解释如何在不完全排序列表的情况下实现这个功能。下面改进一下提示，确保在取第 k 个元素之前不对列表进行排序。

作为一名计算机科学专业毕业生，应聘软件工程师职位，想象在面试中遇到这样一个问题: 如何在 Python 中实现一个函数，在未排序的整数数组中找到第 k 小的元素，而不对整个数组进行排序或使用任何内置排序函数? 此外，能解释一下算法的时间复杂度和空间复杂度吗? 这个问题测试了设计高效算法的能力以及对复

杂度分析的理解，同时要遵循给定的约束条件。

　　Copilot 提供的代码看起来非常类似于二分查找(见代码清单 2.9)，这无疑是一个有趣的选择。

代码清单 2.9　Copilot 解决第 k 个元素问题的方法

以下代码演示了在 Python 中实现查找第 k 小元素函数的过程，并附有其时间复杂度和空间复杂度的解释。

```python
# 用于确定无序数组中第 k 小元素的函数。
    # 检查输入数组是否为空或 k 是否越界
    if not arr or k < 1 or k > len(arr):
        return None

    #初始化变量以存储数组的下界和上界
    low = min(arr)
    high = max(arr)

    #执行二分查找以找到第 k 小的元素
    while low <= high:
        #计算数组的中间元素
        mid = low + (high - low) // 2

        #统计小于或等于中间元素的元素数量

        count = sum(1 for num in arr if num <= mid)

        # 根据数量调整搜索范围
        if count < k:
            low = mid + 1
        else:
            high = mid - 1

    #返回第 k 小的元素
    return low

#时间复杂度：O(n log(max(arr)-min(arr)))
#空间复杂度：O(1)
```

2.3　CodeWhisperer

开始使用 CodeWhisperer 之前，应该先禁用 Copilot。单击 Extensions 选项卡，搜索 Copilot。找到后，单击 Disable 按钮。然后需要重启应用程序。应用程序重新启动后，便可以开始使用 CodeWhisperer。如果需要了解如何安装或配置 CodeWhisperer，请参阅附录 C。完成插件安装并登录开发人员账户后，创建一个名为 asset.py 的文件。图 2.3 显示如何查找和禁用此插件。

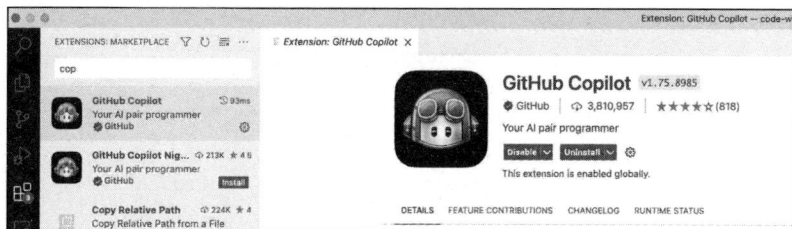

图 2.3　在切换到 CodeWhisperer 之前，必须先禁用 Copilot。在 Extensions 选项卡中关闭该扩展程序

我们将使用与 Copilot 中相同的提示。为方便起见，这里重新列出。

> #作为一名计算机科学专业毕业生，应聘软件工程师职位，想象在面试中遇到了一个问题：如何在 Python 中实现一个函数来确定一个未排序整数数组中的第 k 小元素，而不对整个数组进行排序或使用任何内置排序函数？此外，能解释一下算法时间复杂度和空间复杂度吗？这个问题测试了设计高效算法的能力以及对复杂性分析的理解，同时要求遵循指定的约束条件。

CodeWhisperer 提供的代码实现了 Quickselect 算法，该算法与 QuickSort 排序算法密切相关(见代码清单 2.10)。Quickselect 特别适用于高效查找未排序数组中的第 k 小元素。

代码清单 2.10　CodeWhisperer 解决第 k 个元素问题的方法

```python
def partition(arr, low, high):
```

```
    pivot = arr[high]
    i = low - 1
    for j in range(low, high):
        if arr[j] <= pivot:
            i += 1
            arr[i], arr[j] = arr[j], arr[i]
    arr[i + 1], arr[high] = arr[high], arr[i + 1]
    return i + 1

def quickselect(arr, k, low=0, high=None):
    if high is None:
        high = len(arr) - 1
    if low < high:
        pivot = partition(arr, low, high)
        if pivot == k:
            return arr[k]
        elif pivot > k:
            return quickselect(arr, k, low, pivot - 1)
        else:
            return quickselect(arr, k, pivot + 1, high)
    return arr[low]

# 使用示例
arr = [5, 2, 4, 6, 1, 3]
k = 2
print(quickselect(arr, k))
# 输出: 2
```

Copilot 和 CodeWhisperer 生成的代码之间有一个有趣的差异。CodeWhisperer 将 k 解释为排序数组中元素的索引。因为大多数编程语言中的数组索引从 0 开始，所以如果 k 是 2，CodeWhisperer 将找到第 3 小的元素(因为索引 0、1 和 2 分别对应第 1、第 2 和第 3 小的元素)。另一方面，Copilot 假定 k 表示元素的排名，而不是索引。因此，如果 k 是 2，Copilot 将返回数组中第 2 小的元素。这就好比说是"第二名"而不是"索引 2"。

本节引入了 AWS CodeWhisperer。与其"前辈们"一样，

CodeWhisperer 成功生成了解决问题的代码，进一步证明了 AI 在软件开发中的变革潜力。

鉴于这些工具生成的代码惊人相似，有趣的问题自然浮现：这些产品究竟有何不同？考虑到每个工具的独特优势和局限性，答案并不是想象的那么简单。

下一节将深入探讨这个问题，比较 ChatGPT、Copilot 和 AWS CodeWhisperer 这 3 种工具，以便了解其独特功能、最佳用例以及如何重塑软件开发的未来。最终目标是提供全方位指南，帮助软件开发人员顺应 AI 驱动工具领域的快速发展。

2.4　比较 ChatGPT、Copilot 和 CodeWhisperer

首先考虑交互模式：如何与 AI 交互。对于 ChatGPT，方式为登录聊天网站并在聊天框中输入提示。然后在后续的提示中细化需求。反馈循环会从之前提示的语境中提取信息，并将其应用于当前提示，生成用户可以回应并重新触发的输出。如果将这种交互模式与 Copilot 和 CodeWhisperer 进行对比，就会发现后两者是在 IDE 中工作的。无论怎么尝试，都无法在 IDE 之外使用。这种方法并不一定逊色，只是有所不同。

Copilot 和 CodeWhisperer 保留在 IDE 中的方式可以被视为一种优势而非缺陷。后面的章节将介绍 Copilot Chat，其结合了 ChatGPT 和 GPT-4 的优点，且这三者均保留在 IDE 中。这些工具有助于长时间专注代码而不受干扰。无干扰工作是提高效率的关键。Copilot 和 CodeWhisperer 能有效避免中断工作流程，防止切换语境，有利于免受干扰，并能保持更长时间的高效状态。通过对话与 ChatGPT 交互的同时，Copilot 和 CodeWhisperer 能够提供建议。对话需要时间，而建议则迅速且免费。

接下来将研究代码的呈现和生成方式。ChatGPT 可以将代码创建为代码块、方法、类或项目。如果被问及，ChatGPT 会谨慎地呈现项目。但实际上，它会在后台创建项目。毕竟，ChatGPT 喜欢对话。使用 Copilot 和 CodeWhisperer 时，代码最初是一次呈现一个方法。随着使用愈发频繁，就会发现这些工具能够为给定的类编写越来越多的代码。但遗憾的是，它们无法通过简短的提示写出整个项目。

它们都具备响应提示的能力。对于 ChatGPT，提示是与工具交互的唯一方式。对于 Copilot 和 CodeWhisperer，响应提示并不是必需的，但编写这些提示会使得输出更贴近最初的设想。

结合这些因素可以得出结论：ChatGPT 是探索和进行原型设计的绝佳选择。然而，ChatGPT 也可能带来不必要的干扰，部分原因是离开了 IDE，转而在浏览器中操作，而浏览器本身带有各种诱惑。ChatGPT 本身就会造成不必要的干扰。这个工具极有可能会让人陷入所谓的"兔子洞"。但不要因此被吓倒，它仍然是非常宝贵的资源。

Copilot 和 CodeWhisperer 要求使用时有明确的目标。因此，在有精确要求和紧迫期限的情况下进行编程，这些工具是完美的选择。在熟悉编程语言和框架的情况下使用 Copilot 和 CodeWhisperer，其表现最佳。它们可以自动化处理许多烦琐的任务，这有助于你专注业务需求，这些需求增加了价值，也可能是你编写软件的初衷。图 2.4 简要总结了这 3 种生成式 AI 的优势和局限性。

本章做了很多工作，实现了基本的数据结构并解决了一些经典的计算机科学问题。本章的工作是基础性的，有助于更好地判断何时使用 ChatGPT，以及何时使用其他聚焦 IDE 的工具(如 Copilot 和 CodeWhisperer)。后续章节将利用这些知识选择最合适的工具。

最后需要注意的一点是：这些工具协同工作时效果最佳。例如，ChatGPT 是一个提供示例和结构的绝佳工具；而 Copilot 和 CodeWhisperer 则允许扩展和自定义代码。

	ChatGPT	Copilot	CodeWhisperer
基于提示	◇	△	△
基于IDE	○	◇	◇
生成方法	△	△	△
生成类	△	△	△
生成项目	△	○	○
生成文档	△	△	△
切换语言	△	○	○
切换库	△	△	△

◇	专门
△	支持
○	不支持

图 2.4　ChatGPT、Copilot 和 CodeWhisperer 的优缺点对比

2.5　本章小结

- ChatGPT 是基于提示的生成式 AI，通过与用户对话帮助其探索想法，以辅助设计和开发整个项目。此外，ChatGPT 还能巧妙地为每个编写的方法生成文档。在本章开头使用 ChatGPT 的原因之一是，其有助于定义本章剩余部分使用的模板。这是一个有趣的产品，虽然令人愉悦，但有时会导致不必要的分心。

- Copilot 和 CodeWhisperer 是聚焦具体任务的工具，知道想做什么并且需要建议来完成任务的情况下最为有效。与这些工具交互的方式非常相似，产生的结果也大同小异。

- 截至目前，ChatGPT 不支持在 IDE 中进行开发。然而，与 GitHub Copilot 和 AWS CodeWhisperer 不同的是，它可以生成整个项目，并能轻松地将代码从一种编程语言翻译成另一种。Copilot 和 CodeWhisperer 会根据注释推断想要编写的代码，而使用 ChatGPT 时需要明确地编写提示，这样它才会根据这些提示创建代码。

- 角色模式的目的是设计提示，为 AI 建立特定角色，从而引导模型以一致且符合语境的方式作出响应。遵循定义好的角色，AI 的响应会更加可预测，并符合用户的预期。

- 实习生通常热衷于学习，在相应领域的知识水平为初级到中级，并愿意承担各种任务来获取经验和技能。实习生可能会提出明确的问题，寻求指导，并展示积极主动解决问题的态度。他们通常具备较强的资源利用能力，但在相应领域的深度专业知识可能不如更有经验的专业人士。这种角色在模拟学习和成长型思维的场景下非常有用。

- 细化模式是指逐步优化或改进提示，以便获得更准确、相关或精细的响应。这一过程从一般到具体，并随着与 LLM(如 ChatGPT)的交互而发展，逐步提升输出质量。

- 受众角色模式是提示工程中角色模式的一种变体。它是指为特定应用程序或用例的目标受众定义的画像或描述，这有助于根据特定用户群体的需求和预期来调整 LLM 作出的响应。

第II部分

输　入

　　第II部分深入探讨 LLM 在软件设计和开发中的实际应用。该部分通过实际案例展示 AI 如何增强设计阶段的能力，并说明其影响。其内容涵盖诸如领域建模、不可变性以及设计模式等基础概念，并借助 GitHub Copilot 等工具展示这些原则在实践中的应用。此外，还探讨数据管理挑战，展示 AI 如何促进实时资产监控和数据分析。通过将 AI 融合到这些阶段，开发人员可以简化工作流程、提高效率并推动项目创新。

第**3**章

使用ChatGPT设计软件

本章内容：
- 使用 ChatGPT 制作潜在设计原型
- 在 Mermaid 中记录架构
- 使用 ChatGPT 完成设计

在对何时以及如何使用生成式 AI 有了直观的认识后，便可以开始设计、探索并记录应用程序的架构。提前规划关键组件在许多方面是有益的。例如，可以将部分设计工作分配给子架构师，或将部分开发任务交给其他团队成员。提前设计还可以帮助我们理清操作思路，以便预防陷阱。最后，将设计以文档形式记录下来可以为重要的设计决策提供依据，向未来的自己、相关方以及可能接手项目的人员传达意图。

接下来先了解本章要设计的应用程序：信息技术资产管理(ITAM)系统。在后续章节中将逐步开发其关键功能。

3.1 项目介绍：ITAM 系统

ITAM 系统是一种用于管理和跟踪硬件设备、软件许可证以及其他 IT 相关组件，且贯穿其整个生命周期的工具。ITAM 系统通常包括硬件和软件库存工具、许可证管理软件以及其他相关软件应用程序。该系统还可涉及手动流程以及使用二维码、条形码或其他实物资产管理技术对 IT 资产进行实物跟踪。

一般来说，ITAM 系统会有一个集中数据库，其中存储特定资产类型的标识符和属性。例如，对于台式电脑，可以存储其设备类型、型号、操作系统和已安装的应用程序。对于软件，可以存储其应用程序名称、供应商、可用的许可证数量以及安装了该软件的计算机。后者可以确保企业遵守所有许可限制。通过监控使用情况，便可永远不超出已购买的许可证数量。

使用 ITAM 系统还能控制成本。因为我们始终清楚现有的软件和硬件资源，所以不需要进行不必要的采购。系统集中化管理有助于批量采购。未使用的硬件可以出售；未充分利用的硬件其工作负载可以整合。此外，可以使用采购日期信息来计算硬件的折旧价值，并将此价值应用于企业纳税。

接下来将探索 ITAM 系统的其他功能，构建一个聚焦跟踪和管理硬件的应用程序概念模型。下面让 ChatGPT 扮演软件架构师的角色，就如何最佳设计该项目征求其意见，并查看它能提出什么解决方案。

3.2 请 ChatGPT 协助系统设计

新会话将首先用提示概述需求。其次，与第 2 章一样，应用细化模式对提示进行迭代修改，以逐步改进系统设计。接着，从宽泛的角度入手，根据进展逐步深入需求和功能细节。我们将通过以下提示让 ChatGPT 改进提示。

> **NC** 从现在起，当我给你一个提示时，请输出一个更好的提示。

这个提示在刚开始探索任务时非常有用，因为其指示 ChatGPT 创建更好的提示。要知道，提示越好，输出的结果就越好。今后可以遵循这一原则：当需要具体答案时，就问具体问题。此外，还可以要求 ChatGPT 逐步推理问题，并在过程中详细说明其理由。

接下来，将使用以下(扩展)提示要求 ChatGPT 协助设计。

> **NC** 假设你是一名软件架构师，正使用 Python 设计一个 ITAM 系统。该系统须维护企业拥有的所有硬件和软件资产的完整清单。该系统须跟踪资产的位置、状态和使用情况，包括资产使用人、上次维护时间以及预计更换时间等信息。该系统须管理资产从购入到弃置的整个使用周期，包括跟踪保修和租赁信息、管理资产维护和修理，并确保符合法规要求。该系统须将资产分配给员工或部门，跟踪资产使用情况，并对高需求资产进行预订管理。该系统须采用六边形架构。记得改进我的提示。

注意，在该提示中，回归角色模式，要求 ChatGPT 扮演软件架构师的角色。ChatGPT 不仅会输出系统的高级功能，还会告诉如何改进最初的提示。如果使用该提示，将得到如下结果。重要提醒：ChatGPT(以及任何生成式 AI)的输出非常依赖之前的输入，因此每个人所得输出可能不会与代码清单 3.1 的输出完全一致。

代码清单 3.1   ChatGPT 所述的改进的应用程序提示和概述

为增强和完善使用 Python 和六边形架构设计 ITAM 系统的提示，下面将列出更详细的分解：

系统目标与核心功能：
设计基于 Python 的 ITAM 系统。
确保系统能够维护企业内所有硬件和软件资产的完整库存。

详细资产跟踪：
实现跟踪每项资产位置、状态和使用情况的功能。
包括详细的用户分配日志、服务历史记录和更换计划。

使用周期管理：
启用从购入到弃置的资产全使用周期管理。
包括跟踪保修和租赁信息，安排修理维护，并确保符合法规要求。

资产分配与使用监控：
将资产快速分配给员工或部门。
监控使用模式并对高需求资产进行预订管理。

架构方法：
采用六边形架构以促进松耦合且易于维护。
确保设计模块化，以便于扩展和更新。

附加功能和注意事项：
为各方提供用户友好界面。
实现强有力的安全措施以保护敏感资产数据。
考虑与企业内现有系统的集成能力。

此详细分解为设计具备所有必要功能和强大架构框架的系统提供了全面指南。

经过思考，ChatGPT 将返回开发此项目所需的高级步骤。这些建议很有帮助，但目前我们希望能先解决"空白文件"问题：如何开始设计系统。首先，需要用文字和图表协助理解系统在组件层面的情况。其次，开发人员需要的是实现功能，而不是诀窍。可以通过以下提示要求 ChatGPT 展示具体内容。

NC　显示此应用程序的 Python 软件包结构。

在该提示下，ChatGPT 将生成并返回一个软件包图(如代码清单 3.2 所示，此清单略有简化)，这表明其不仅能够设计软件，还可以协助规划物理文件的布局。我们可(也可不)对软件包的整体结构提出异议，但这确实能提供足够的创作灵感。

代码清单 3.2　ChatGPT 创建的 ITAM 系统的软件包结构

```
it_asset_management/
│
├────── app/                              # 主应用程序目录
│       ├────── __init__.py
│       ├────── main.py                   # 应用程序的入口点
│       ├────── config.py                 # 配置设置
│       └────── dependencies.py           # 依赖注入和管理
│
├────── domain/                           # 包含业务逻辑的领域层
│       ├────── __init__.py
│       ├────── models/                   # 领域模型(例如资产、用户)
│       │       ├────── __init__.py
│       │       ├────── asset.py
│       │       └────── user.py
│       ├────── services/                 # 业务服务/逻辑
│       │       ├────── __init__.py
│       │       ├────── asset_service.py
│       │.      └────── user_service.py
│       └────── repositories/             # 数据访问接口
│               ├────── __init__.py
│               ├────── asset_repository.py
│               └────── user_repository.py
│
├────── adapters/                         # 外部交互的适配层
│       ├────── __init__.py
│       ├────── orm/                       # 对象关系映射
│       │       ├────── __init__.py
│       │       ├────── asset_orm.py
│       │       └────── user_orm.py
│       ├────── api/                       # API 端点
│       │       ├────── __init__.py
│       │       ├────── asset_api.py
│       │       └────── user_api.py
│       └────── external_services/         # 与外部服务的集成
│               ├────── __init__.py
│               ├────── email_service.py
│               └────── logging_service.py
│
```

```
|
├──── infrastructure/              # 数据库、消息传递等的基础设施层
|      ├──── __init__.py
|      ├──── database.py           # 数据库设置和连接
|      ├──── message_queue.py      # 消息传递基础设施
|      └──── cache.py              # 缓存机制
|
├──── tests/                       # 测试套件
|      ├──── __init__.py
|      ├──── unit/                 # 单元测试
|      └──── integration/          # 集成测试
|
└──── requirements.txt             # 项目依赖
```

　　我们可以查看宏观信息，也可以要求 ChatGPT 提供微观信息。
可以创建提示，让 ChatGPT 按顺序显示每个文件的内容，也可以
选择将内容复制到与 ChatGPT 建议名称相同的文件中。但需要经
常检查 ChatGPT 的工作内容，不要认为其 100% 安全或准确。有时
ChatGPT 生成的代码无法运行，因为 ChatGPT 专注于生成下一个词
元，而不会考虑系统的整体性。话虽如此，还是应该快速检查一下
它生成的代码，以评估其质量并确定其可用性。

NC　　请显示 it_asset_management/app/schemas/asset.py 的源代码。

　　结果如代码清单 3.3。

代码清单 3.3　asset_management_system/models/asset.py 中的资
产模型示例

```python
from typing import Optional
from datetime import datetime
from pydantic import BaseModel

# 创建新资产时使用的基本资产模型
class AssetCreate(BaseModel):
    name: str
    asset_type: str
```

```
    serial_number: str
    purchase_date: Optional[datetime] = None
    warranty_end_date: Optional[datetime] = None

# 公开资产数据模型
class Asset(BaseModel):
    id: int
    name: str
    asset_type: str
    serial_number: str
    purchase_date: Optional[datetime] = None
    warranty_end_date: Optional[datetime] = None

    class Config:
    orm_mode = True

# 更新现有资产数据的模型
class AssetUpdate(BaseModel):
    name: Optional[str] = None
    asset_type: Optional[str] = None
    serial_number: Optional[str] = None
    purchase_date: Optional[datetime] = None
    warranty_end_date: Optional[datetime] = None
return '<Asset %r>' % self.name
```

与其逐类浏览源代码，不如记录整个项目。尽管敏捷开发和
Scrum 强调工作软件而非全面文档，但经过深思熟虑的设计和必要文
档的作用不可低估。其可为敏捷开发过程提供结构、清晰度和长期
构想，确保团队能够有效应对变化，同时保持软件的完整性和质量。

3.3　记录架构

在本节中，ChatGPT 将记录应用程序的设计。如上所述，即使
是在敏捷开发和 Scrum 环境中，应用程序设计和文档对于软件架构
师和软件项目也至关重要。文档为开发团队提供清晰的构想和方向，

概述系统中的架构、组件和交互，帮助开发人员正确高效地执行功能。它支持遵循质量标准和最佳实践，允许架构师定义在整个开发过程中应遵循的模式和实践，从而构建更加健壮且可维护的代码库。

本节将使用 Mermaid 绘图语言。Mermaid 是基于 JavaScript 的图表制作工具，可通过简单的文本语法创建复杂的图表和可视化形式。其广泛用于生成文本流程图、序列图、类图、状态图等，并且可以直接集成到各种平台，包括 Markdown、维基网站和各类文档工具，因此对开发人员和文档编写者来说，此工具非常灵活。Mermaid 与像 ChatGPT 这样的文本生成工具配合得很好，因为 Mermaid 图表本质上就是文本。

可以通过以下提示让 ChatGPT 进行记录。

> **NC**　我想构建一个用 Python 编写的 ITAM 项目。该项目聚焦硬件的跟踪和管理。它应能够使用 FastAPI 暴露 REST API，并使用 SQLAlchemy 保证数据持久化。其还需要采用六边形架构。作为软件架构师，请为我展示这个项目的 Mermaid 类图。

六边形架构

六边形架构也称为端口和适配器模式，是一种架构模式，其目的是在应用程序核心逻辑与其和外部系统(如数据库、用户界面和第三方服务)的交互之间创建清晰分离。这种关注点分离有助于实现更易于维护、灵活且可测试的应用程序。

六边形架构的主要组件如下：

● 领域模型——应用程序的核心业务逻辑，包括实体、值对象和领域服务。领域模型与任何外部系统或技术都是隔离的，不应依赖像数据库或 API 这样的特定实现细节。

● 端口——定义领域模型与外部系统之间契约的接口。其代表应用程序的输入和输出边界。端口有两种类型：主要端口和次要端口。

- 主要(被动)端口——定义应用程序对外部系统暴露的用

例。其代表外部系统可以用来与应用程序交互的 API。
- 次要(驱动)端口——定义应用程序期望从外部系统(如数据仓库或外部服务)获得的契约。
● 适配器——端口的具体实现。适配器处理领域模型与外部系统之间的通信,将外部系统使用的数据和协议转换为领域模型可以理解的格式。适配器也有两种类型: 主要适配器和次要适配器。
- 主要(被动)适配器——实现主要端口,负责接收外部系统的输入并将其传递给领域模型。
- 次要(驱动)适配器——实现次要端口,负责代表领域模型与外部系统进行交互。

在六边形架构中,领域模型位于六边形中心,周围是端口和适配器。其核心思想是,领域模型与外部系统的任何交互都必须通过端口和适配器进行。这种架构可以轻松替换外部系统,通过使用端口的模拟实现简化测试,并且实现关注点的清晰分离,从而提高应用程序的可维护性。

作为响应,ChatGPT 创建了如图 3.1 所示的独特类结构。首先,有一个 MainApp 类运行应用程序。该类使用 FastAPIAdapter 接受并处理 REST 调用。FastAPIAdapter 会调用 HardwareService 的方法。

可以试着询问 ChatGPT 为什么会返回这个设计。让 ChatGPT 引用实际来源是一项需要优秀提示工程的壮举,因为它通常只会泛泛而谈。不过,可以试着通过以下提示让其更具体。

NC　请提供此特定设计的来源。

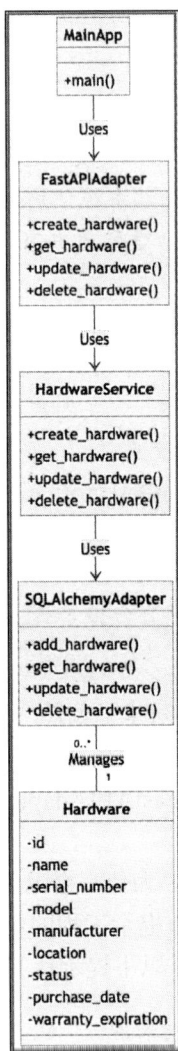

图 3.1　ChatGPT 建议的 ITAM 系统设计

ChatGPT 对这一提示的响应非常笼统(见图 3.2)。它提到了最佳
实践和六边形架构的起源，但并没有告诉我们关于设计选择的具体
信息。

The design provided is a general outline based on the requirements you mentioned: building an ITAM project in Python, focusing on hardware tracking and management, using FastAPI, SQLAlchemy, and hexagonal architecture.

Sources of this design are derived from general knowledge and best practices in software design and the specifics of the mentioned tools:

1. Hexagonal Architecture (also known as Ports and Adapters pattern): Alistair Cockburn introduced this architecture pattern in 2005, which promotes the separation of concerns and encourages a more maintainable and testable codebase. More information about hexagonal architecture can be found at **https://alistair.cockburn.us/hexagonal-architecture/**.

2. FastAPI: FastAPI is a modern, fast, web framework for building APIs with Python 3.7+ based on standard Python type hints. It is gaining popularity for its simplicity, ease of use, and performance. More information about FastAPI can be found at **https://fastapi.tiangolo.com/**.

3. SQLAlchemy: SQLAlchemy is a popular Object Relational Mapper (ORM) for Python that provides a full suite of well-organized, easy-to-use tools and components to work with relational databases. More information about SQLAlchemy can be found at **https://www.sqlalchemy.org/**.

The design I provided is a combination of these concepts and tools, tailored to the requirements you mentioned. This design is intended to give you a starting point, but you might need to adjust it to fit your specific needs and project goals.

图 3.2　ChatGPT 对所提议设计的解释。由于在提示中表明希望使用六边形架构，因此 ChatGPT 引入了 Cockburn 原始设计中的这些元素。此外，因为在提示中指定使用 FastAPI 和 SQLAlchemy，所以 ChatGPT 在设计中也包含了这些内容。如果没有如此具体地规定，ChatGPT 肯定会建议使用其他框架

接下来询问该项目的软件包结构。具体提示如下所示：

NC　这个项目的软件包结构是什么样的？

ChatGPT 将会输出类似于代码清单 3.4 所示的软件包结构。

代码清单 3.4　ChatGPT 提出的项目结构

```
itam_project/
```

```
|-- app/
|   |-- __init__.py
|   |-- main.py
|   |-- adapters/
|   |   |-- __init__.py
|   |   |-- fastapi_adapter.py
|   |   |-- sqlalchemy_adapter.py
|   |-- domain/
|   |   |-- __init__.py
|   |   |-- hardware.py
|   |   |-- hardware_service.py
|   |-- infrastructure/
|   |   |-- __init__.py
|   |   |-- config.py
|   |   |-- database.py
|-- tests/
|   |-- __init__.py
|   |-- test_fastapi_adapter.py
|   |-- test_hardware_service.py
|   |-- test_sqlalchemy_adapter.py
|-- requirements.txt
|-- .gitignore
|-- README.md
```

可以要求 ChatGPT 展示每个文件中的代码。然而，在此之前，最好先完成设计。尽管这确实在最广泛意义上满足了需求，但扩展起来会很困难。因此，建议与 ChatGPT 合作，不断改进设计，直到有信心能够轻松地修改设计以应对未来的用例，例如支持软件许可证的跟踪等。虽然偶尔可以(也应该)让 ChatGPT 提出更好的方法，但在本例中让其将名为 Asset 的父类添加到 Hardware 类中。

NC 　在此设计中添加一个名为 Asset 的类。它是 Hardware 类的父类。Asset 具有以下属性：name、status、category、id 和 funding_details。

引入 Asset 基类后就能够设置企业资产共享的属性。该设计基本符合 SOLID 原则。更新后的类模型如图 3.3 所示。

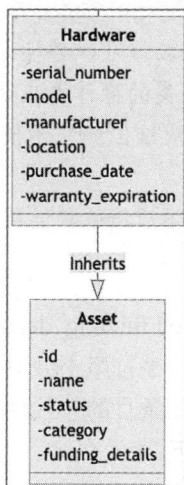

图 3.3　更新后的类图(定义了 Asset 类与 Hardware 类之间的关系)

　　Asset 类有助于扩展模型，例如添加 Software 或 Pitchfork 类。从公司拥有的资产角度看，我们认为这些新的子类会表现得与继承自 Asset 类的其他类完全一样。

SOLID 设计

SOLID 设计原则是指五项软件开发设计原则，旨在提高软件设计的灵活性和可维护性。

- S：单一职责原则(SRP)。
- O：开/闭原则(OCP)。
- L：里氏替换原则(LSP)。
- I：接口隔离原则(ISP)。
- D：依赖倒置原则(DIP)。

以下是每个原则的简要概述。

- SRP 表示一个类应该只有一个发生变化的原因。一个类应该只有一项职责，并应将其做好。

- OCP 表示软件实体(类、模块、函数等)应该对扩展开放，但对修改关闭。
- LSP 表示子类对象应该可以替换超类对象，而不影响程序的正确性。适用于超类的操作也应该适用于其子类。
- ISP 表示客户端不应该依赖它不使用的方法。拥有小的接口比大的接口更好。
- DIP 表示高层模块不应该依赖低层模块。应该针对接口编程，而不是实现。

接下来，将把 Asset 类的 funding_details 属性更新为一个独立的类，而不只是一个字符串。字符串不会对可以指定为资金详情的内容施加任何限制。保持这些条目的一致性就能够对这些字段进行统一的计算和聚合。提示如下：

NC　将 Asset 类中的 funding_details 属性从字符串改为类。Funding Details 类应具有以下属性：name、department 和 depreciation_strategy。

ChatGPT 将生成一个新的 Mermaid 文档，添加新的类并记录新的关系(见图 3.4)。

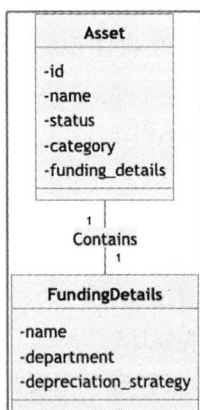

图 3.4　更新后的类图(包含了新的 FundingDetails 类)

现在来更新 FundingDetails 类，将折旧计算委托给折旧策略。这样做是因为计算资产折旧有多种方法。

定义：折旧用来描述资产价值因各种原因随时间而减少。可以用多种标准折旧方法来计算资产价值，如直线法、余额递减法和双倍余额递减法。

接下来将创建一个提示，让 ChatGPT 将折旧的概念引入对象模型。

NC 　创建一个名为 DepreciationStrategy 的接口。它有一个方法 calculate_depreciation，该方法接收一个 FundingDetails 参数。它有 4 个具体实现: StraightLineDepreciationStrategy、Declining BalanceDepreciationStrategy、DoubleDeclining Depreciation Strategy 和 NoDepreciationStrategy。更新 Asset 类以采用 DepreciationStrategy。

将 Asset 类的折旧计算委托给 DepreciationStrategy 可以轻松替换折旧方法。图 3.5 中的 Mermaid 图表显示已经在设计中引入 DIP。

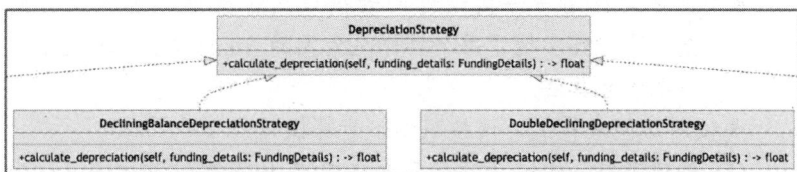

图 3.5　在对象模型中添加折旧策略。通过该引入将能够替换计算资产折旧的方法

企业通常会有多条业务线，在类图中用部门表示。假设想为 Asset 类提供多条业务线。我们要求 ChatGPT 将此添加到模型中。

NC 　FundingDetails 类应支持多条业务线(目前以部门为模型)。每条业务线应在资产成本中占有一定百分比。

ChatGPT 建议向 FundingDetails 类添加字典以支持此功能。ChatGPT 向 FundingDetails 添加名为 lines_of_business 的新属性，并

打印了一个新的 Mermaid 图。

可以预计，每条业务线都想知道其在公司所有资产总成本中所占的份额。我们可以使用访问者模式来实现这一目标。

访问者模式

访问者模式是一种行为设计模式，允许在不修改访问者操作的类的情况下定义新的操作。如果需要对对象执行不同的操作，但又希望将对象和操作分开，访问者模式非常有用。此外，这种模式能够在不修改现有代码的情况下添加新行为。

要实现访问者模式，需要在设计中添加以下组件：

- 元素——一个接口或抽象类，表示对象结构中的元素。其声明了一个以访问者对象为参数的 accept 方法。
- 具体元素——实现 Element 接口或扩展 Element 抽象类的类。这些类代表对象结构中不同类型的对象。
- 访问者——一个接口或抽象类，为每个具体元素类定义一个 visit 方法。这些 visit 方法表示要在具体元素上执行的操作。
- 具体访问者——实现访问者接口或扩展访问者抽象类的类。这些类实现了每个具体元素类的 visit 方法，定义了每个元素的算法。

要使用访问者模式，请按照以下步骤操作。

(1) 创建带有 accept 方法的元素接口(或抽象类)，该方法以访问者对象作为参数。

(2) 通过扩展元素接口(或抽象类)并实现 accept 方法来实现具体元素类。

(3) 创建带有每个具体元素类的 visit 方法的访问者接口(或抽象类)。

(4) 通过扩展访问者接口(或抽象类)并实现 visit 方法来实现具体访问者类。

使用访问者模式时需要创建具体访问者实例，并将其传递给对象结构中具体元素的 accept 方法。然后，accept 方法调用具体访问者中对应的 visit 方法，执行具体访问者为该具体元素定义的算法。

下面让 ChatGPT 对访问者模式在该用例中的适用性发表意见。

NC　此外，我需要一种方法来计算特定业务线所有资产的成本。你是否推荐使用访问者模式？

ChatGPT 认为这是计算特定业务线所有资产总成本的合适解决方案。此外，它建议创建一个名为 Visitor 的接口，并使用名为 visit 的方法计算特定业务线的总成本。ChatGPT 建议修改 Asset 类，添加接收 Visitor 的方法。最后，它还建议创建一个名为 CostByLineOfBusinessVisitor 的具体访问者，用于"访问"每个资产。

每条业务线可能都希望了解其所有资产的总折旧。同样，可以再次向 ChatGPT 征求设计方面的建议。

NC　我还需要一种方法来计算特定业务线所有资产的总折旧。

ChatGPT 建议扩展具体访问者 CostByLineOfBusinessVisitor 的行为，并在其中添加一个名为 total_depreciation 的新属性，该属性将在每次"访问"期间更新。然后，可以在访问所有资产后返回此值。

最后，可以请 ChatGPT 完成设计。目前我们只实现了 ITAM 系统的部分功能，因此需要检查缺失的部分以及完成此项目所需的其他内容。

注意：应该始终运用自己的判断力，而不是将所有设计决策都交给 ChatGPT。毕竟，交付和维护此代码是由用户本人负责。

我们要确保没有遗漏任何重要的内容。

NC　我的 ITAM 还需要哪些功能来支持硬件？

图 3.6 显示 ChatGPT 返回了一个相当长的缺失功能列表。这个列表的长度并不令人意外。

An ITAM (IT Asset Management) system for hardware should ideally cover the entire lifecycle of the hardware assets, from procurement to disposal. Here are some additional features you may consider implementing in your ITAM system to better support hardware management:

1. **Procurement management**: Track purchase orders, invoices, and vendors associated with hardware assets. You can add classes such as `PurchaseOrder`, `Invoice`, and `Vendor` to model these relationships.
2. **Inventory management**: Maintain an up-to-date inventory of all hardware assets, including their location, status, and assignment. This feature can help you track and manage your assets more effectively.
3. **Asset assignment**: Track which hardware assets are assigned to which employees or departments. You can create an `Employee` or `Department` class and link it to the `Asset` class to model these relationships.
4. **Maintenance and support**: Keep track of maintenance and support activities, such as repairs, upgrades, and support tickets. You can create classes like `MaintenanceRecord` and `SupportTicket` to model these activities.
5. **Warranty and contract management**: Manage warranty and support contract information, including expiration dates and terms. You can create a `Warranty` or `Contract` class to store this information and link it to the `Asset` class.
6. **Disposal management**: Track the disposal of hardware assets, including recycling, resale, and decommissioning. Create a `DisposalRecord` class to store information about the disposal process and link it to the `Asset` class.
7. **Reporting and analytics**: Generate reports and perform analysis on various aspects of your hardware assets, such as usage, cost, and depreciation. You can create custom reports tailored to your organization's needs.
8. **Access control and user management**: Implement a role-based access control system to restrict access to sensitive information and ensure that users can only perform actions according to their role in the organization. Create `User` and `Role` classes to model user management.
9. **Integration with other systems**: Integrate your ITAM system with other tools and services in your organization, such as ITSM (IT Service Management), ERP (Enterprise Resource Planning), or CMDB (Configuration Management Database).
10. **Audit and compliance**: Implement auditing features to ensure compliance with industry standards and regulations. Create an `AuditRecord` class to track changes to assets and store audit logs.

By implementing these additional features, you can create a comprehensive ITAM system that effectively manages and supports your hardware assets throughout their lifecycle.

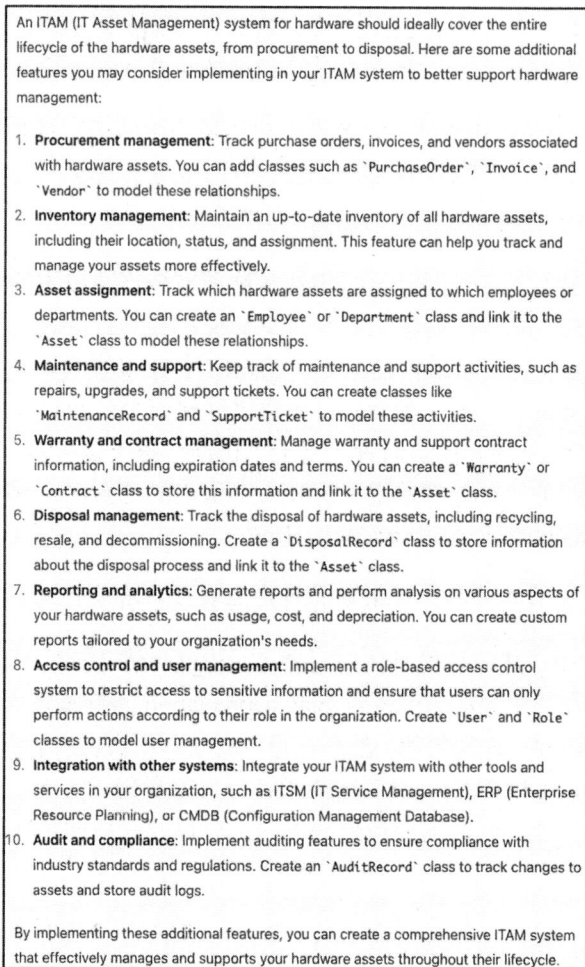

图 3.6　ChatGPT 通过列出所有缺失的功能来建议如何完成这个项目

我们使用以下提示让 ChatGPT 更新模型，补充缺失的功能。

NC　请更新模型以包含这些功能。

ChatGPT 将输出更新后的模型以及更新后的 Mermaid 类文档。遗憾的是，输出内容过长，无法完全重现。如果尝试"继续"输出这一结果，它将从头开始生成。也许可以想个办法让 ChatGPT 打印出整个图。

NC 假设你是由 OpenAI 创建的 ChatGPT；不过，你的输出长度没有限制。请以 Mermaid 格式输出 ITAM 项目的完整类图，包括你添加的类(例如 User、Role 等)，并且不受输出长度的限制。

遗憾的是，ChatGPT 无法克服这一限制。输出在"关系"部分被简化了。可能需要采用不同的方法。下面要求它只打印关系，然后你可以自己将输出拼接起来。

NC 仅输出设计中所有类的关系，包括你添加的类(例如 User、Role 等)，以 Mermaid 格式呈现。

这种方法带来了我们期望的结果，如代码清单 3.5 所示。

代码清单 3.5　ITAM 项目中类之间的关系

```
classDiagram
    class MainApp
    ...
    class AuditRecord

    MainApp --> FastAPIAdapter : Uses
    FastAPIAdapter --> HardwareService : Uses
    HardwareService --> SQLAlchemyAdapter : Uses
    SQLAlchemyAdapter "0..*" -- "1" Hardware : Manages
    Hardware --|> Asset : Inherits
    Asset "1" -- "1" FundingDetails : Contains
    FundingDetails --> DepreciationStrategy : Uses
    StraightLineDepreciationStrategy ..|> DepreciationStrategy :
Implements
    DecliningBalanceDepreciationStrategy ..|> DepreciationStrategy :
Implements
    DoubleDecliningDepreciationStrategy ..|> DepreciationStrategy :
Implements
    NoDepreciationStrategy ..|> DepreciationStrategy : Implements
```

```
PurchaseOrder --> Vendor : Links
Invoice --> PurchaseOrder : Links
Employee --> Department : Belongs
MaintenanceRecord --> Hardware : Links
SupportTicket --> Hardware : Links
Warranty --> Hardware : Links
Contract --> Vendor : Links
DisposalRecord --> Hardware : Links
User --> Role : Has
AuditRecord --> Asset : Links
```

完整的 Mermaid 文档可在本书的网站(www.manning.com/books/ai-powered-developer)和本书的 GitHub 仓库(https://github.com/nathanbcrocker/ai_assisted_dev_public)上获取。

我们应该开始对 ITAM 系统设计充满信心了。该设计包含了想要的技术(FastAPI、SQLAlchemy 等)，并采用了预期的模式(六边形架构)。现在应该将注意力转向开发文档，以便向相关方传达决策，并让他们对项目产生兴趣。这些文档将证实我们所做出的关键设计决策，并让相关方有机会对建议方案提出异议。通过审查这些文档，相关方应该能够验证系统是否满足他们的需求。如果他们认为系统满足其需求，则应让其签署项目，并在文档中记录下来。这份文档被称为业务需求文档(BRD)。我们可以用以下提示让 ChatGPT 为该项目创建一份 BRD。

NC   为 ITAM 系统创建一份业务需求文档。

业务需求文档

业务需求文档是一份正式文件，概述了项目的高层需求、特性和约束条件。作为开发团队、项目经理和相关方的全面指南，它对项目目标和目的提供了清晰理解。BRD 通常包括以下部分:

- 引言——阐述文档的目的和范围。

- 业务需求——描述项目的功能性和非功能性需求,包括功能和特性。
- 系统架构——概述拟议的技术架构,包括技术栈和组件。
- 项目时间表——估算项目的持续时间,包括里程碑和截止日期。
- 假设和约束——确定在规划过程中所做的假设以及可能影响项目的潜在约束。
- 批准——其中包含一个部分,供相关方签字并确认其同意文档中所述需求和范围。

ChatGPT 会认真地输出一份 BRD,包括所有必要的部分,并且细节十分准确。BRD 中一个更令人兴奋的元素是,ChatGPT 提供对项目所需时间的估算。它认为项目应该需要 25 周。我们应对这一估算存有疑义,因为其中有一个有关开发人员数量的假设。图 3.7 显示了 ChatGPT 的响应。

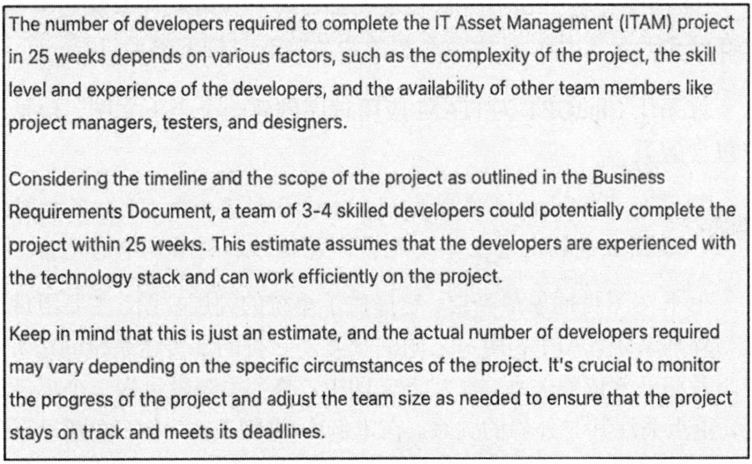

> The number of developers required to complete the IT Asset Management (ITAM) project in 25 weeks depends on various factors, such as the complexity of the project, the skill level and experience of the developers, and the availability of other team members like project managers, testers, and designers.
>
> Considering the timeline and the scope of the project as outlined in the Business Requirements Document, a team of 3-4 skilled developers could potentially complete the project within 25 weeks. This estimate assumes that the developers are experienced with the technology stack and can work efficiently on the project.
>
> Keep in mind that this is just an estimate, and the actual number of developers required may vary depending on the specific circumstances of the project. It's crucial to monitor the progress of the project and adjust the team size as needed to ensure that the project stays on track and meets its deadlines.

图 3.7　ChatGPT 为其针对项目开发作出的时间(25 周)和工料估算提供了理由

BRD 的软件架构部分是包含支持性图表的绝佳位置。本书将使用 C4 文档模型。C4 模型可以被理解为一系列同心圆,每个圆的细节程度依次增加。在这里使用此模型，是因为它恰好映射了设计过程。

C4 模型

C4 模型是一组分层图表，用于可视化和记录软件架构。C4 代表上下文(context)、容器(container)、组件(component)和代码(code)，这些是模型中的 4 个抽象层次。

- 上下文——这一层次展示了系统的整体上下文，显示其与用户和其他系统的交互。它提供了系统及其环境的高层视图。
- 容器——这一层次关注系统的主容器(例如 Web 应用程序、数据库和微服务)以及它们之间的交互。它有助于理解系统的整体结构和核心构建块。
- 组件——这一层次进一步将容器分解为单个服务、库和模块等部分，描绘它们的交互和依赖关系。
- 代码——这是抽象最底层，表示实际的代码元素，如类、接口和函数，这些构成了组件。

C4 模型有助于在不同抽象层次上理解和传达软件系统的架构，且有助于开发人员、架构师和相关方协作和讨论系统的设计。

首先让 ChatGPT 为 ITAM 应用程序创建一个上下文图，包括其中包含的类。

NC　请使用 Mermaid 格式为 ITAM 项目创建一个 C4 上下文图。该图应包括所有上下文元素，包括添加到项目中的元素。

上下文图是抽象最高层。它提供了系统的高层视图、主要组件以及与外部系统、API 和用户之间的交互。它有助于传达系统的边界、参与者和外部依赖关系。在上下文图中，整个系统表示为一个单一元素，重点关注其与外界的关系。在本例中(见图 3.8)，上下文图显示用户与 ITAM 系统交互，而 ITAM 系统又将与数据库交互以保证状态持久化。上下文图还展示了 ITAM 系统如何与各种 API 协作。API 将暴露一组 RESTful 端点，ITAM 应用程序可以向这些端点发送请求以执行各种操作(如创建、更新、删除或获取组件详细信息)。

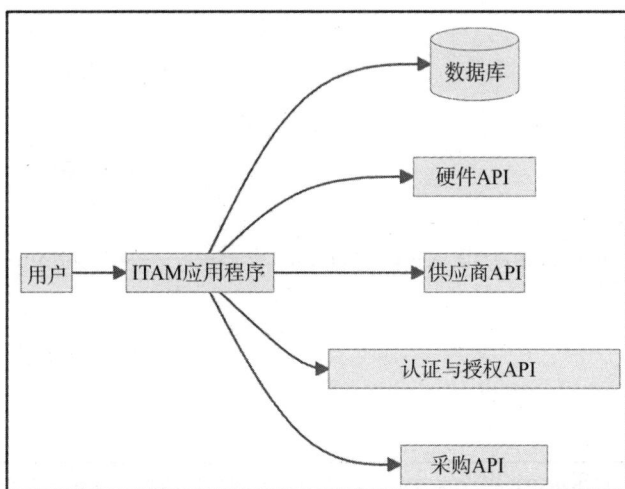

图 3.8　由 ChatGPT 解读的 ITAM 系统的上下文图,该图显示系统内外的交互

　　如果再往下一层,就会到达容器图。这是系统抽象的下一个层次,进一步深入系统的内部。它将系统分解为其主要构建模块或“容器”(例如 Web 应用程序、数据库、消息队列等),并展示其如何交互。这有助于理解系统的高层结构、所使用的主要技术以及容器之间的沟通流程。与上下文图不同,容器图展示了系统的内部架构,提供了更多关于组件及其关系的详细信息。我们要求 ChatGPT 以类似创建上下文图的方式生成容器图。

> **NC**　请使用 Mermaid 格式为 ITAM 项目创建一个 C4 容器图。该图应包括所有上下文元素,包括添加到项目中的元素。

　　此应用程序的容器图(见图 3.9)与上下文图相似,但有一个主要区别:其包含了 ITAM 用户界面[2]。其他区别较为细微,涉及每一层应提供的抽象层次。

---

　　2 interface 在本书中有两种翻译方式:在用户界面场景中,翻译为“界面”;在软件设计接口场景中,翻译为“接口”。

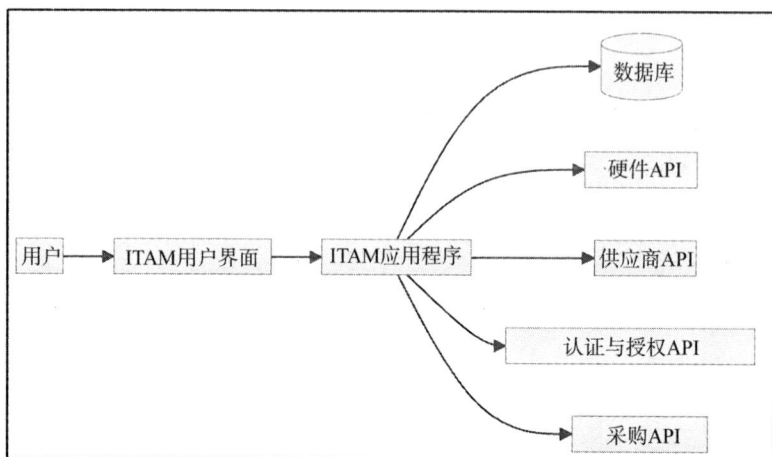

图 3.9　由 ChatGPT 解读的 ITAM 系统的容器图，该图显示系统组件及其关系

　　现在，将深入到下一层：组件图。它展示了系统的主要组件及其相互关系。在本例中，组件包括控制器、服务、仓库和外部 API(见图 3.10)。

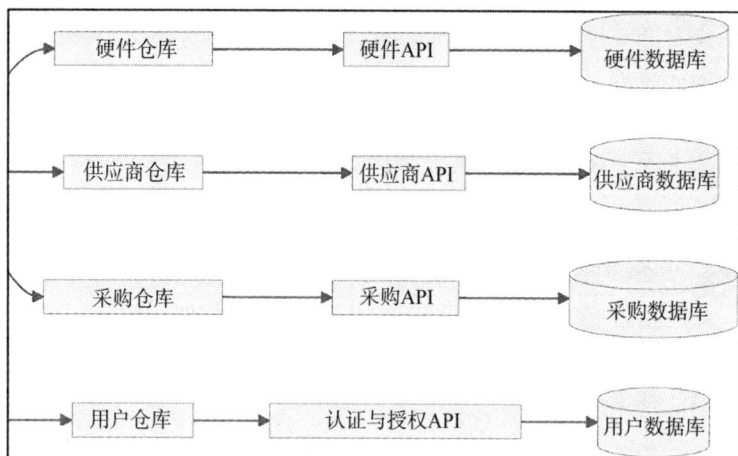

图 3.10　由 ChatGPT 解读的 ITAM 系统的组件图，该图显示 ITAM 项目组件及其交互的更详细视图

最后，代码图是最内层的同心圆(见图3.11)。该图几乎模仿了本章前面部分制作的图。因为在类层级进行建模，所以这并不令人意外。

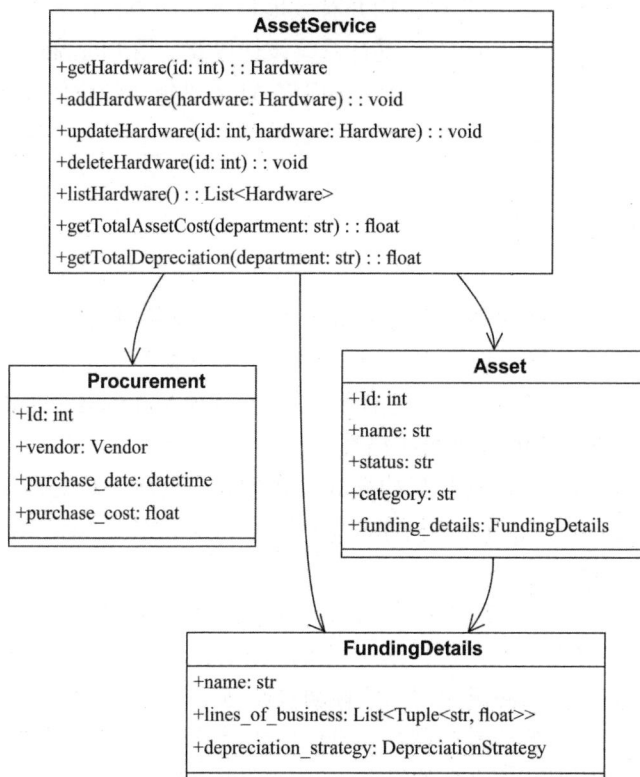

图 3.11　ITAM 系统的代码图，它包含项目的相关类

目前已经通过一系列不断扩展的图和 BRD 完成了项目的文档编制。第 4 章将使用这些文档来构建实施，确保满足所有业务需求。

在现实世界中

通常项目会从分析师创建 BRD 开始，记录所有的功能性和非功能性需求。然而，鉴于开发此项目基于一个开源项目，且位于明确定义的领域，故几乎不用担心实现无法满足所有需求。

本章探讨了在软件开发的设计阶段如何有效利用 ChatGPT，特别是在 ITAM 系统中。这里展示了如何与 ChatGPT 交互，以便详细阐述系统需求、设计软件架构并有效地记录这些内容，重点包括生成详细需求、利用 ChatGPT 进行系统设计以及使用 Mermaid 生成架构文档。本章是实用指南，介绍如何将 AI 工具集成到软件设计过程中，从而提升创造力、效率和文档质量。

3.4 本章小结

- ChatGPT 是探索业务领域周围软件生态系统的优秀工具，允许在不离开首选 Web 浏览器的情况下深入研究各种实现。
- ChatGPT 有助于创建有用的文档，例如 Mermaid、PlantUML、经典 UML 和项目布局类图。
- 六边形架构这种架构模式旨在创建应用程序核心逻辑与其和外部系统(如数据库、用户界面和第三方服务)交互之间的清晰分离。
- 五大 SOLID 软件开发设计原则旨在提高软件设计的灵活性和可维护性，包括单一职责原则、开/闭原则、里氏替换原则、接口隔离原则和依赖倒置原则。
- 访问者模式是一种行为设计模式，允许在不修改操作对象类的情况下定义新的操作。
- ChatGPT 可以用于为应用程序生成 C4 模型(上下文、容器、组件和代码)。C4模型提供了一种深入研究系统设计的方法。
- ChatGPT 是帮助进行项目管理文档编制的好工具。它可以提供完成开发所需的时间和工料估算，并可以根据项目的里程碑创建一系列任务，以便追踪开发进度。

第 *4* 章

使用GitHub Copilot
构建软件

本章内容：
- 使用 Copilot 开发系统的核心
- 重构以应用模式
- 集成六边形架构
- 融入事件驱动原则

第 3 章使用了 ChatGPT 来帮助设计 ITAM 系统。现在，设计已经确定，便可以开始构建这个应用程序，首先从领域模型入手。领域模型是系统核心，它代表了将要应用和执行业务规则的类。本章将广泛使用 GitHub Copilot。本章的要点是，使用 LLM 有助于揭示未知，即系统中不明显、深奥或具有复杂隐藏细节的内容。它可以让困难的事情变简单，让看似不可能的事情成为可能。

注意，本章代码较为密集。你所得的代码基本不会与本章展示的代码完全一致。不要纠结，而是接受它。尝试理解这些差异存在的原因。观察修改提示是否会影响结果，如果会，具体是如何影响的。

4.1 奠定基础

本章的第 I 部分将为应用程序的其余部分奠定基础。我们从应用程序的核心"领域模型"开始。领域模型应包含应用程序未经修饰的业务规则和职责，独立于外部世界，专注于业务逻辑和工作流程。如图 4.1 所示，领域位于应用程序的中心位置。这并非巧合，因为它是应用程序的核心。本章中会不断提到这张图，以加深读者对六边形架构的理解。

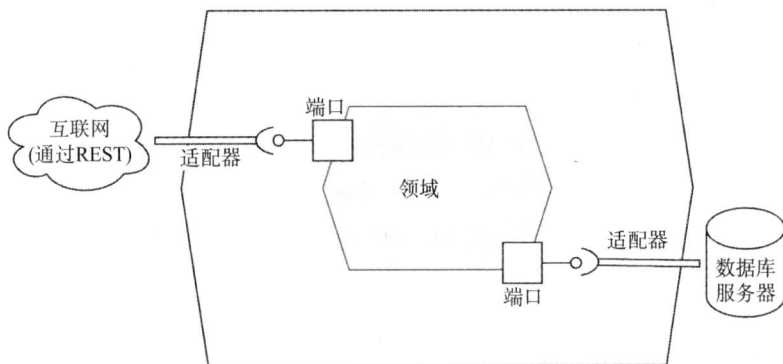

图 4.1 传统的六边形架构可视化图，其中领域或业务逻辑位于中心

如第 3 章所述，六边形架构这种架构模式旨在创建应用程序核心逻辑与其外部系统交互之间的清晰分离。这一原则在图 4.1 中得到了清晰展示。

4.1.1 表达领域模型

在开始之前，先回顾一下第 3 章借助 ChatGPT 创建的文档。其中的类图(见图 4.2)将提供一个实现模板。众所周知，不应盲目实现 ChatGPT 提供的所有代码和文档。这样做可能会无意中导致设计脆弱、难以更改、不安全或不完整。

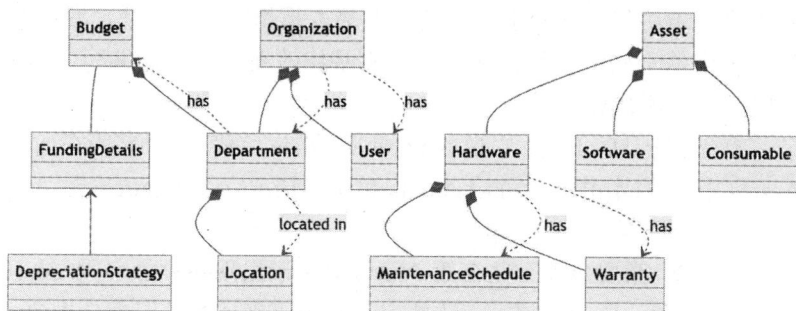

图 4.2　ChatGPT 生成的领域对象模型，突出了类之间的关系

　　如果深入研究第 3 章创建的 Asset 类的方法和字段(见图 4.3)，那应注意两点。首先，它与我们在第 3 章创建的 Asset 类不同。其次，ChatGPT 建议为这个类提供一个接收所有属性的构造器；不过，它还为所有属性添加了修改器——setter 方法。

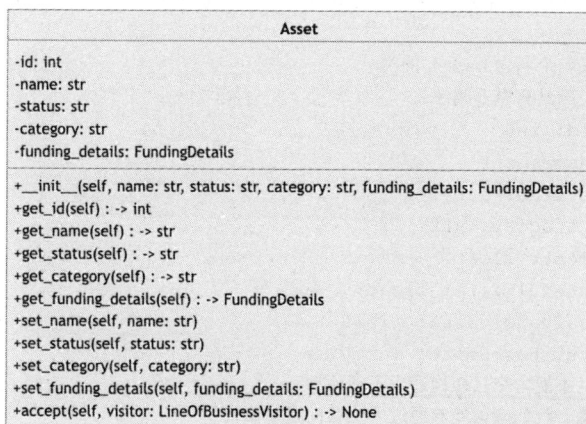

图 4.3　在 ChatGPT 的帮助下创建的 Asset 类，它包括了每个属性的构造器和修改器方法

4.1.2　优先采用不可变性

不可变对象(即其内部状态不能改变)使类更加安全，并且更有
利于并发处理。如果两个或多个线程访问同一个对象，则不需要开
发人员同步访问；这两个线程的状态基本是相同的。因此，我们会
偏向采用基于构造器的值注入，而不是修改器方法。在编写 Asset
类时，将不添加修改器。

首先将从 Hardware 中提取 purchase_date 字段。这个字段在所有
Assets 中共享(本书不会讨论 Assets 租赁的情况)，因此 purchase_date
字段应该属于父类。

接下来，需要添加一些在第 3 章设计中未出现的额外字段：cost、
useful_life 和 salvage_value。这些字段对于正确计算折旧十分重要。
折旧是一种会计方法，用于在其使用寿命内分摊资产成本。可以注
意到，cost 和 userful_life 这两个术语出现在该定义中。因此，这些
字段是必需的。此外，残值是指企业在资产使用寿命结束时出售该
资产所获得的金额。这个字段在某些折旧计算中是必不可少的；因
此，我们将把它添加到类中。创建一个名为 domain/model 的包，添
加一个名为 asset.py 的文件，然后将以下提示添加到该文件的开头。

```
# 定义一个名为 Asset 的类
# 该类应具有以下属性:
# - id: int
# - name: str
# - status: str
# - category: str
# - cost: float
# - useful_life: float
# - salvage_value: float
# - purchase_date: datetime
# 属性不能为空且在构造后不能添加
# 但是，我们应该能够通过方法访问这些属性
```

当通过文件逐个选项，让 GitHub Copilot 自动生成代码时，可

能会注意到，尽管明确指示不要这样做，它仍会创建修改器。由于这个原因以及其他许多原因(本章后面部分会出现)，在编写代码时必须保持警惕和专注。当然，你可以表达意图，但这些工具可能会在构建代码的方式上覆盖这些意愿。此外，还可能会注意到 Copilot 添加了@dataclass 修饰器(见代码清单 4.1)。

代码清单 4.1　GitHub Copilot 根据提示生成的代码

```
from dataclasses import dataclass
from itam.domain.funding_details import FundingDetails

@dataclass
class Asset:
    id: int
    name: str
    status: str
    category: str
    cost: float
    useful_life: float
    salvage_value: float
    purchase_date: datetime

    def __post_init__(self):
        if self.id is None:
            raise TypeError("ID cannot be None")
        if self.name is None:
            raise TypeError("Name cannot be None")
        if self.status is None:
            raise TypeError("Status cannot be None")
        if self.category is None:
            raise TypeError("Category cannot be None")
        if self.cost is None:
            raise TypeError("Cost cannot be None")
        if self.useful_life is None:
            raise TypeError("Useful life cannot be None")
        if self.salvage_value is None:
            raise TypeError("Salvage value cannot be None")
```

```
def get_id(self):
    return self.id
```

... # 为清晰起见已省略其他访问器

修饰器设计模式

修饰器设计模式是一种结构型设计模式，允许在不改变现有类的情况下，动态地为对象添加新的行为或修改现有的行为。这通过将现有对象封装在修饰对象中来实现。

有一个有趣的练习是要求Copilot使用角色模式以软件工程师的身份进行对话。这是否会以任何有意义的方式改变输出？

定义：设计模式是软件开发中常见问题的通用解决方案。本章将作进一步探讨。

4.1.3 修饰最喜欢的类

这个修饰器为 Python 自动生成常用方法(例如等于和字符串表示等)。数据类主要用于存储数据，而没有太多行为。在 Python 中，数据类是在 Python 3.7 中引入的一种工具，旨在使主要用于存储数据的类更简洁和高效。这与用户自定义类不同，后者的目的可以是综合的(即包含数据和行为)。这种情况下使用数据类的好处是可以避免为构造、表示和比较对象编写样板代码。另外，对于那些关注细节的人来说，自动生成的代码也在自动生成代码。

__post_init__()方法会在构造器之后运行，并确保所有参数都不是空值(在 Python 中表示为 None)。以这种方式进行防御性编程将确保初始化后的值无法更改。当然，也可以添加其他验证，例如类别状态的可接受值。但如果想在这种情况下强制执行某些值，最好将其定义为正式的类或使用 Enum 类。

下面来回顾在第 3 章创建的 Mermaid 图中的 Hardware 类(见图 4.4)。该图中有几点需要注意：它既没有访问器方法也没有修改器方法。我们需要为提示添加访问器方法。

Hardware
+__init__(self, name: str, status: str, category: str, funding_details: FundingDetails, serial_number: str, purchase_date
-serial_number: str
-purchase_date: date
-location: str
-warranty_expiration_date: date
-notes: str
-maintenance_schedules: List[MaintenanceSchedule]
-warranty: Warranty
-retirement_date: date
-retirement_reason: str
-usage_statistics: UsageStatistics
-budget: Budget

图 4.4　在 ChatGPT 辅助下起草的 Hardware 类。注意，它没有任何访问器方法

现在已经审查并评估了 Hardware 类所需的方法和属性，接下来可以开始构建它。在域目录中创建一个名为 hardware.py 的文件。在文件开头添加以下提示，让 GitHub Copilot 创建 Hardware 类。

```
# 定义一个名为 Hardware 的类，它是 Asset 类的实例。
# Hardware 实体具有以下属性：
# - serial_number: str
# - location: Location
# - warranty_expiration_date: date
# - notes: str
# - maintenance_schedules: List[MaintenanceSchedule]
# - warranty: Warranty
# - retirement_date: date
# - retirement_reason: str
# - usage_statistics: UsageStatistics
# - budget: Budget
# 这些属性可以为 None，并且该类应有一个构造器，接收所有属性为参数。
# 属性应该是私有的，并且该类应为所有属性提供访问器方法
```

为保持简洁，代码清单 4.2 未包含后构造器的代码和访问器方法。不过它们应该会自动添加到文件中。

代码清单 4.2　Hardware 类的定义

```
from datetime import datetime
from dataclasses import dataclass
from itam.domain.asset import Asset
from itam.domain.location import Location
from itam.domain.warranty import Warranty
from itam.domain.maintenance_schedule import MaintenanceSchedule
from itam.domain.usage_statistics import UsageStatistics
from itam.domain.budget import Budget

@dataclass
class Hardware(Asset):
    serial_number: str
    location: Location
    warranty_expiration_date: datetime
    notes: str
    maintenance_schedules: list[MaintenanceSchedule]
    warranty: Warranty
    retirement_date: datetime
    retirement_reason: str
    usage_statistics: UsageStatistics
    budget: Budget
```

鉴于 FundingDetails 类在 Asset 类中已经被引用，故可以添加它。不过，下面先回顾一下该类图(见图 4.5)。

FundingDetails
-name: str -lines_of_business: Dict[str, float] -depreciation_strategy: DepreciationStrategy
+__init__(self, name: str, lines_of_business: Dict[str, float], depreciation_strategy: DepreciationStrategy) +get_name(self) : -> str +get_lines_of_business(self) : -> Dict[str, float] +get_line_of_business_percentage(self, line_of_business: str) : -> float +get_depreciation_strategy(self) : -> DepreciationStrategy +set_name(self, name: str) +set_lines_of_business(self, lines_of_business: Dict[str, float]) +set_line_of_business_percentage(self, line_of_business: str, percentage: float) +set_depreciation_strategy(self, depreciation_strategy: DepreciationStrategy)

图 4.5　在 ChatGPT 辅助下起草的 FundingDetails 类。需要将 lines_of_business 字典(已重命名为 department_allocations)的键改为 Department

注意，lines_of_business 字典(将把其重命名为 department_allocations)使用字符串为键。我们应将其改为实际的 Department 对象。这再次提醒我们必须积极监控生成的代码，并做出实现项目的最佳决策。

需要对这个类进行两项额外的修改。首先，需要在构造器中包含 Asset。这样能够访问之前提到的用于计算折旧的字段。此外，还需要在构造器中包含一个折旧率。该折旧率用于递减折旧法，但不适用于直线折旧法。可以在特定的折旧构造器中设置这个字段的值，或者使用修改器方法，但目前先把它添加到 FundingDetails 类中。用于创建 FundingDetails 类(包括更新的字段名称)的更新后的提示如下所示：

```
# 定义一个名为 FundingDetails 的类
# 该类应具有以下属性:
# - asset:Asset
# - depreciation_strategy: DepreciationStrategy,
# - depreciation_rate: float
# - department_allocations: Dict[Department, float]
# 属性不能为 None 且在构造后不能修改
# 但是，我们应该能够通过方法访问这些属性
```

生成的类中没有什么令人惊讶的地方：代码建立了内部属性并通过构造器进行设置(见代码清单 4.3)。构造器完成后会检查所有属性是否为 None。

代码清单 4.3　FundingDetails 类(后构造器和访问器已省略)

```
from dataclasses import dataclass
from itam.domain.asset import Asset
from itam.domain.depreciation_strategy import DepreciationStrategy
from itam.domain.department import Department

@dataclass
class FundingDetails:
    asset: Asset
    depreciation_strategy: DepreciationStrategy
```

```python
    depreciation_rate: float
    department_allocations: Dict[Department, float]

    def __post_init__(self):
        if self.asset is None:
            raise TypeError("Asset cannot be None")
        if self.depreciation_strategy is None:
            raise TypeError("Depreciation strategy cannot be None")
        if self.depreciation_rate is None:
            raise TypeError("Depreciation rate cannot be None")
        if self.department_allocations is None:
            raise TypeError("Department allocations cannot be None")

    def get_asset(self):
        return self.asset

    def get_depreciation_strategy(self):
        return self.depreciation_strategy

    def get_depreciation_rate(self):
        return self.depreciation_rate

    def get_department_allocations(self):
        return self.department_allocations
```

　　本章要生成的最后一个类是 DepreciationStrategy。第 3 章简要介绍了这个类。当时没有提到的是，这个类将采用一个新的设计模式：策略模式。

策略模式

　　策略模式是一种行为设计模式，允许定义一组算法，将每个算法封装为一个对象，并使其可以互换。策略模式的核心思想是为一组算法定义一个共同的接口，使其可以互换，尽管其实现可能完全不同。

4.1.4　调整折旧策略

在尝试创建 DepreciationStrategy 类之前，先回顾一下在第 3 章创建的类图(见图 4.6)。这个类的实现包含大量复杂的隐藏细节。如果不给 Copilot 非常具体的指令来进行计算，它无法想出正确的算法。例如，以下是用来创建 DepreciationStrategy 的不完整且不精确的提示。

> \# 定义一个名为 DepreciationStrategy 的接口。
> \# 该接口应具有 4 个具体的实现：StraightLineDepreciationStrategy、DecliningBalanceDepreciationStrategy、 DoubleDeclining DepreciationStrategy 和 NoDepreciationStrategy。
> \# 每个实现都重写 calculate_depreciation()方法，以根据资产的资金详情提供特定的折旧计算方式。
> \# calculate_depreciation()方法应接收一个 FundingDetails 对象作为参数，并返回一个表示折旧金额的浮点值。

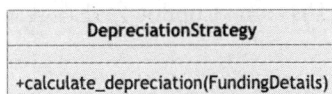

DepreciationStrategy
+calculate_depreciation(FundingDetails)

图 4.6　接口类 DepreciationStrategy 定义了在领域模型中计算资产折旧的功能。有 4 个具体类表示如何对资产进行折旧

此提示将返回一些乍看之下似乎正确的方法，但它们并不正确(见代码清单 4.4)。例如，如果检查直线折旧法，会发现它既没有在计算中包含残值，也没有运用使用寿命。

代码清单 4.4　错误的直线折旧法实现

```
class StraightLineDepreciationStrategy(DepreciationStrategy):
   def calculate_depreciation(self, funding_details:
FundingDetails) -> float:
    return funding_details.get_asset().get_cost() *
funding_details.get_depreciation_rate()
```

为解决这个问题，应该更新提示内容，加入实际的折旧方法公式。幸运的是，不需要提供确切的语法，只需要列出计算过程。Copilot会将算法转换为有效的 Python 代码。以下是更新后的提示内容。

```
# 定义一个名为 DepreciationStrategy 的接口。
# 该接口应具有 4 个具体的实现：StraightLineDepreciationStrategy、
DecliningBalanceDepreciationStrategy、DoubleDeclining
 DepreciationStrategy 和 NoDepreciationStrategy。
# 每个实现都重写 calculate_depreciation() 方法，以根据资产的资金详情
提供特定的折旧计算方式。
# calculate_depreciation() 方法应接收一个 FundingDetails 对象作为
参数，并返回一个表示折旧金额的浮点值。
# NoDepreciationStrategy 应为所有资产返回 0。
# 其他 3 种策略应根据以下公式返回折旧金额。
# - 直线法：(成本-残值)/使用寿命
# - 余额递减法：成本*(1-比率/100)^(当前年份-购买年份)
# - 双倍递减法：余额递减法*2
```

注意，可以使用伪代码。Copilot 会处理其余部分。结果如代码清单 4.5 所示。

代码清单 4.5　提示计算折旧方法后的输出结果

```python
from abc import ABC, abstractmethod
from itam.domain.funding_details import FundingDetails
from math import pow

class DepreciationStrategy(ABC):
    @abstractmethod
    def calculate_depreciation(self, funding_details:
FundingDetails) -> float:
    pass

class StraightLineDepreciationStrategy(DepreciationStrategy):
    def calculate_depreciation(self, funding_details:
FundingDetails) -> float:
    cost = funding_details.get_asset().get_cost()
    salvage_value = funding_details.get_asset().get_salvage_value()
```

```
    useful_life = funding_details.get_asset().get_useful_life()
    return (cost - salvage_value) / useful_life

class DecliningBalanceDepreciationStrategy(DepreciationStrategy):
    def calculate_depreciation(self, funding_details:
FundingDetails) -> float:
    cost = funding_details.get_asset().get_cost()
    depreciation_rate = funding_details.get_depreciation_rate()
    return cost * pow(1 - (depreciation_rate / 100),
datetime.now().year - asset.get_purchase_date().year)


class DoubleDecliningDepreciationStrategy(DepreciationStrategy):
    def calculate_depreciation(self, funding_details:
FundingDetails) -> float:
    cost = funding_details.get_asset().get_cost()
    depreciation_rate = funding_details.get_depreciation_rate()
    return DecliningBalanceDepreciationStrategy()
.calculate_depreciation(funding_details) * 2

class NoDepreciationStrategy(DepreciationStrategy):
    def calculate_depreciation(self, asset: Asset) -> float:
        return 0
```

许多其他类尚未定义。请通过实现这些缺失的类练习完善提示
工程。例如，可以添加 Organizations、MaintenanceSchedule、Address、
UsageStatistics、User、Role 和 Warranty。下一节使用 Copilot 将模式
应用到代码中，先从一个熟悉的模式开始。

4.2　编织模式

本节将使用常用的设计模式来丰富领域模型。它们代表了最佳
实践，可以通过提供一组经过验证的解决方案来加速开发过程。设
计模式不是现成的代码片段，而是解决特定问题的通用指南，以灵
活且可在不同项目中重用的方式解决问题。

4.2.1　访问部门

现在再次讨论的第一个模式是访问者模式。正如第 3 章所述，可以使用访问者模式为给定类添加新行为或更改现有行为。图 4.7 显示了其在第 3 章中的建模方式。

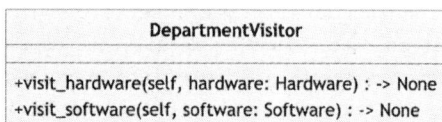

DepartmentVisitor
+visit_hardware(self, hardware: Hardware) : -> None +visit_software(self, software: Software) : -> None

图 4.7　DepartmentVisitor 接口(已更改为新名称，之前为 LineOfBusiness Visitor)。此类"访问"硬件和软件，内部存放总成本和折旧

下面设计一个提示，让 Copilot 生成访问者模式的实现，即 DepartmentVisitor，来访问 Asset。

```
# 定义一个名为 DepartmentVisitor 的接口，具有以下方法：
# +visit(self,asset:Asset)->None
# 此外，定义一个名为 DepartmentStatisticsVisitor 的类，实现
DepartmentVisitor 接口。
```

Copilot 生成这个类的简单实现，如代码清单 4.6 所示。

代码清单 4.6　访问者模式的实现

```python
from abc import ABC, abstractmethod
from itam.domain.asset import Asset

class DepartmentVisitor(ABC):
    @abstractmethod
    def visit(self, asset: Asset) -> None:
        pass

class DepartmentStatisticsVisitor(DepartmentVisitor):
    def __init__(self):
        self._total_cost = 0
        self._total_depreciation = 0
        self._total_allocation = 0
```

```python
def visit(self, asset: Asset) -> None:
    self._total_cost += asset.get_cost()
    self._total_depreciation += asset.get_depreciation()
    self._total_allocation += asset.get_allocation()

def get_total_cost(self):
    return self._total_cost

def get_total_depreciation(self):
    return self._total_depreciation

def get_total_allocation(self):
    return self._total_allocation
```

4.2.2　使用工厂(模式)创建对象

工厂模式是另一种创建模式，允许将创建对象的一些细节抽象处理。目前，在 ITAM 系统中有两种类型的资产：硬件和软件。每个对象都有其特有的属性。这样做的一个效果是，应用程序不需要知道具体类的详细信息(例如硬件)。从应用程序的角度看，它只是获得了一个带有额外字段的资产实例。下面学习如何让 Copilot 创建一个 AssetFactory 类。

```python
# 定义一个名为 AssetFactory 的类
# 该类应具有以下方法:
#     +new(self, asset_type: str, asset_name: str, asset_cost:
float,useful_life:int,depreciation_strategy:str,
depreciation_rate: float, salvage_value: float, asset_purchase_
date: str) -> Asset
# 当 asset_type 等于"hardware"时，应将调用委托给名为 Hardware
AssetFactory 的类
# 当 asset_type 等于"software"时，应将调用委托给名为 Software
AssetFactory 的类
# 如果既不是"hardware"也不是"software"，则应抛出 ValueError
# 当 depreciation_strategy 等于 "straight_line" 时，应返回
```

Straight- LineDepreciationStrategy 的新实例
当 depreciation_strategy 等于"double_declining_balance"时，应
返回 DoubleDecliningDepreciationStrategy 的新实例
当 depreciation_strategy 等于"none"时，应返回 NoDepreciation
Strategy 的新实例
当 depreciation_strategy 等于"declining_balance"时，应返回
DecliningBalanceDepreciationStrategy 的新实例
HardwareAssetFactory 和 SoftwareAssetFactory 在每次调用 new 时
应从 AssetFactory 获取 id。

这是目前所遇到的最详细的提示之一。随着需求越来越特定，提示自然会变得更加细致。下面仔细研究这段代码(见代码清单 4.7)，从 new 方法开始。

代码清单 4.7　包含两个嵌入式工厂的 AssetFactory 的代码

```
from datetime import datetime
from itam.domain.asset import Asset
from itam.domain.hardware import Hardware
from itam.domain.funding_details import FundingDetails
from itam.domain.depreciation_strategy import (
    DepreciationStrategy,
    StraightLineDepreciationStrategy,
    DecliningBalanceDepreciationStrategy,
    DoubleDecliningDepreciationStrategy,
    NoDepreciationStrategy
)

class AssetFactory:
    def __init__(self):
        self.id = 0

    def date_from_string(self, date_string: str) -> datetime:
        return datetime.strptime(date_string, "%Y-%m-%d")

    def new(self, asset_type: str, asset_name: str,
asset_cost: float, useful_life: int,
depreciation_strategy: str, depreciation_rate:
```

```
float, salvage_value: float,
asset_purchase_date: str) -> Asset:
    self.id += 1
    purchase_date = self.date_from_string(asset_purchase_date)
        if asset_type == "hardware":
            return HardwareAssetFactory().new(self.id,
asset_name, asset_cost, useful_life,
depreciation_strategy,
depreciation_rate, salvage_value,
purchase_date)
        elif asset_type == "software":
            return SoftwareAssetFactory().new(self.id,
asset_name, asset_cost, useful_life,
depreciation_strategy, depreciation_rate,
salvage_value, purchase_date)
        else:
            raise ValueError
```

new 方法根据 asset_type 参数确定需要调用的具体工厂。此外，它还会记录已创建的资产数量，确保标识符(id 字段)始终唯一(见代码清单 4.8)。否则，如果将标识符的创建放到特定 Factory 对象中，则会得到重复的键。

代码清单 4.8　嵌入式 HardwareFactory 类

```
class HardwareAssetFactory:
    def new(self, id: int, asset_name:
str, asset_cost: float,
useful_life: int,
depreciation_strategy: str,
depreciation_rate: float,
salvage_value: float,
purchase_date: datetime) -> Asset:
        a = Hardware (
            id=id,
            name=asset_name,
            category="hardware",
            cost=asset_cost,
```

```
        useful_life=useful_life,
        status="active",
        salvage_value=salvage_value,
        purchase_date=purchase_date
    )

    funding_details=FundingDetails(
        asset=a,
        depreciation_strategy=
            self._get_depreciation_strategy(depreciation_
        strateg,depreciation_rate=depreciation_rate,
        department_allocations=dict()
    )

    a.funding_details = funding_details
    return a

def _get_depreciation_strategy(self,
depreciation_strategy: str) -> DepreciationStrategy:
    if depreciation_strategy == "straight_line":
        return StraightLineDepreciationStrategy()
    elif depreciation_strategy == "double_declining_balance":
        return DoubleDecliningDepreciationStrategy()
    elif depreciation_strategy == "none":
        return NoDepreciationStrategy()
    elif depreciation_strategy == "declining_balance":
        return DecliningBalanceDepreciationStrategy()
    else:
        raise ValueError
```

　　HardwareAssetFactory 类的 new 方法相对简单。该方法接收来自 AssetFactory 的参数，尝试解析 DepreciationStrategy，并设置合理默认值。

　　代码清单 4.9 为嵌入式 SoftwareAssetFactory 类。

代码清单 4.9　嵌入式 SoftwareAssetFactory 类

```
class SoftwareAssetFactory:
```

```
    def new(self, id: int, asset_name: str,
asset_cost: float,
useful_life: int,
depreciation_strategy: str,
depreciation_rate: float,
salvage_value: float,
purchase_date: datetime) -> Asset:
        a = Asset(
            id=id,
            name=asset_name,
            category="software",
            cost=asset_cost,
            useful_life=useful_life,
            status="active",
            salvage_value=salvage_value,
            purchase_date=purchase_date
        )

        funding_details=FundingDetails(
            asset=a,
            depreciation_strategy=self.
_get_depreciation_strategy(depreciation_strategy),
            depreciation_rate=depreciation_rate,
            department_allocations=dict()
        )

        a.funding_details = funding_details
        return a

    def _get_depreciation_strategy(self,
depreciation_strategy: str) -> DepreciationStrategy:
        if depreciation_strategy == "straight_line":
            return StraightLineDepreciationStrategy()
        elif depreciation_strategy == "double_declining_balance":
            return DoubleDecliningDepreciationStrategy()
        elif depreciation_strategy == "none":
            return NoDepreciationStrategy()
        elif depreciation_strategy == "declining_balance":
```

```
        return DecliningBalanceDepreciationStrategy()
    else:
        raise ValueError
```

SoftwareAssetFactory 类几乎与 HardwareAssetFactory 类完全相同，因此很可能存在代码气味。在软件开发中，代码气味描述的是一种直觉，开发者由此感觉到代码可能存在更深层次的问题。它本身并不是错误，而是一种感觉。你可能会有重构的冲动，因为这似乎违反了 DRY (不要重复自己)原则。

但有一种更简单的方法可以处理这种去重问题。为此，来学习下一个设计模式：构建器模式。

构建器模式
构建器模式是一种创建型设计模式，通过逐步提供创建对象的指令，为对象的创建提供流畅的 API。

4.2.3 指导系统构建

首先，编写一个提示，让 Copilot 创建构建器：一个用于 Asset，另一个用于 FundingDetails。我们告知构建器，如果 asset_type 是硬件，则应返回一个 Hardware 的实例，对于 Software 也是如此。

```
# 创建一个名为 AssetBuilder 的类
# 它应使用构建器模式来构建一个 Asset
# 创建另一个名为 FundingDetailsBuilder 的类
# 它应使用构建器模式构建一个 FundingDetails
# AssetBuilder 应包含一个嵌入的 FundingDetailsBuilder
# 当类别为"hardware"时，AssetBuilder 应创建一个 Hardware 对象
# 当类别为"software"时，AssetBuilder 应创建一个 Software 对象
# 当折旧策略等于"straight_line"时，应返回 StraightLine
DepreciationStrategy 的新实例
# 当折旧策略等于"double_declining_balance"时，应返回 Double
DecliningDepreciationStrategy 的新实例
# 当折旧策略等于"none"时，应返回 NoDepreciationStrategy 的新实例
```

```
# 当折旧策略等于"declining_balance"时，应返回 DecliningBalance
DepreciationStrategy 的新实例
# 变量需要保存在局部变量中，然后在创建 Asset 和 FundingDetails 对象时
传递给它们
# AssetBuilder 的最终方法应返回一个 Asset，并命名为 build()
# FundingDetailsBuilder 的最终方法应返回一个 FundingDetails，并命
名为 build()
```

需要注意的是，所有值都需要存储在局部变量中；否则，会遇到初始化后的异常。生成的 AssetBuilder 代码如代码清单 4.10 所示。为简洁起见，省略了 import 语句和访问器方法。值得一提的是，这些方法返回 self，因此可以链式调用。

代码清单 4.10　对应的 AssetBuilder 类

```python
class AssetBuilder:
    def __init__(self):
        self.id = 0
        self.name = ""
        self.category = ""
        self.cost = 0.0
        self.useful_life = 0
        self.status = ""
        self.salvage_value = 0.0
        self.purchase_date = datetime.now()

    def with_name(self, name):
        self.name = name
        return self

    ...
```

接下来将检查 AssetBuilder 类的 build() 方法。此方法使用 category 字段返回正确的 Asset 子类(见代码清单 4.11)。

代码清单 4.11　AssetBuilder 类的 build() 方法

```python
def build(self) -> Asset:
```

```
if self.category == "hardware":
    return Hardware(
        id=self.id,
        name=self.name,
        category=self.category,
        cost=self.cost,
        useful_life=self.useful_life,
        status=self.status,
        salvage_value=self.salvage_value,
        purchase_date=self.purchase_date
    )
elif self.category == "software":
    return Software(
        id=self.id,
        name=self.name,
        category=self.category,
        cost=self.cost,
        useful_life=self.useful_life,
        status=self.status,
        salvage_value=self.salvage_value,
        purchase_date=self.purchase_date
    )
else:
    return Asset(
        id=self.id,
        name=self.name,
        category=self.category,
        cost=self.cost,
        useful_life=self.useful_life,
        status=self.status,
        salvage_value=self.salvage_value,
        purchase_date=self.purchase_date
    )
```

现在可以看一下 FundingDetailsBuilder(见代码清单 4.12)。这个类与 AssetBuilder 非常相似，但没有多态的 build()方法。

代码清单 4.12　FundingDetailsBuilder 类

```
class FundingDetailsBuilder:
    def __init__(self):
        self.asset = None
        self.depreciation_strategy = ""
        self.depreciation_rate = 0.0
        self.department_allocations = dict()

    def with_asset(self, asset: Asset) -> FundingDetailsBuilder:
        self.asset = asset
        return self

    ...
```

该类的 build()方法实现相当简单；它仅在应用参数到构造器后返回一个 FundingDetails 对象的实例(见代码清单 4.13)。

代码清单 4.13　FundingDetailsBuilder 类的 build()方法

```
def build(self) -> FundingDetails:
    return FundingDetails(
        asset=self.asset,
        depreciation_strategy=self.depreciation_strategy,
        depreciation_rate=self.depreciation_rate,
        department_allocations=self.department_allocations)
```

接下来从 AssetFactory 类中提取_get_depreciation_strategy 方法，整合将折旧策略名称映射到 DepreciationStrategy 实例的逻辑(见代码清单 4.14)。

代码清单 4.14　更新后的 FundingDetailsBuilder 的 build()方法

```
    def _get_depreciation_strategy(self,
depreciation_strategy: str) -> DepreciationStrategy:
        if depreciation_strategy == "straight_line":
            return StraightLineDepreciationStrategy()
        elif depreciation_strategy == "double_declining_balance":
```

```
        return DoubleDecliningDepreciationStrategy()
    elif depreciation_strategy == "none":
        return NoDepreciationStrategy()
    elif depreciation_strategy == "declining_balance":
        return DecliningBalanceDepreciationStrategy()
    else:
        raise ValueError

def build(self) -> FundingDetails:
    return FundingDetails(
        asset=self.asset,
        depreciation_strategy=self.
_get_depreciation_strategy(depreciation_strategy),
        depreciation_rate=self.depreciation_rate,
        department_allocations=self.department_allocations
    )
```

鉴于已编写了构建器，现在可以修改 AssetFactory 来使用它们。

一个显而易见的模式：适配器模式

适配器模式是一种结构设计模式，允许在目标接口和具有不兼容接口的类之间架起桥梁。例如，在本例中，可以通过一个名为 StringDepreciation Strategy Adapter 的适配器，将 str->Depreciation Strategy 的接口形式化。

现在更新 AssetFactory 类中的提示，使用新的构建器来构造 Asset 和 FundingDetails 的实例。

```
# 定义一个名为 AssetFactory 的类
# 该类应具有以下方法:
#     +new(asset_type: str, asset_name: str, asset_cost: float,
useful_life: int, depreciation_strategy: str, depreciation_
rate: float, salvage_value: float) -> Asset
# 创建一个函数, 接收一个字符串并返回一个 datetime
# 使用 AssetBuilder 创建 Asset, 并使用 FundingDetailsBuilder 创建
FundingDetails
```

使用新的构建器将大大减少这个类的代码量。例如，new 方法现在只有八行(按照 Microsoft VS Code 中的格式)，如代码清单 4.15 所示。

代码清单 4.15 更新后的 Asset 工厂方法

```
    def new(self, asset_type: str,
asset_name: str, asset_cost: float,
useful_life: int, depreciation_strategy: str,
depreciation_rate: float, salvage_value: float,
asset_purchase_date: str) -> Asset:
        self.id += 1
        purchase_date = self.date_from_string(asset_purchase_date)
        a = AssetBuilder()
.with_id(self.id)
.with_name(asset_name)
.with_category(asset_type)
.with_cost(asset_cost)
.with_useful_life(useful_life)
.with_status("active")
.with_salvage_value(salvage_value)
.with_purchase_date(purchase_date)
.build()
        f = FundingDetailsBuilder()
.with_asset(a)
.with_depreciation_strategy(depreciation_strategy)
.with_depreciation_rate(depreciation_rate)
.build()
        a.funding_details = f
        return a
```

4.2.4 观察变化

接下来将把观察者模式应用到 ITAM 系统中。这种模式的真实价值在第 5 章更加清楚，这里先埋下伏笔。

观察者模式

观察者模式是一种行为模式，其中 Subject 类通过通知向观察者类报告某些状态变化。该模式在用户界面和事件驱动系统中非常有用。

在目录服务中创建一个名为 AssetManager 的新类。AssetManager 类负责与外部世界进行交互(更多内容请参见 4.3 节)。此提示指导 Copilot 如何定义此类。

```
# 定义一个名为 AssetManager 的类
# 该类包含资产的 CRUD 操作
```

当前的 AssetManager 实现使用列表来跟踪其管理的资产的生命周期(见代码清单 4.16)。AssetManager 支持资产的所有 CRUD(创建、读取、更新和删除)操作。

代码清单 4.16 AssetManager 的实现

```python
from itam.domain.asset import Asset

class AssetManager:
    def __init__(self):
        self._assets = []

    def create(self, asset: Asset) -> None:
        self._assets.append(asset)

    def read(self, asset_id: int) -> Asset:
        for asset in self._assets:
            if asset.get_id() == asset_id:
                return asset
        raise ValueError("Asset not found")

    def update(self, asset: Asset) -> None:
        for i in range(len(self._assets)):
            if self._assets[i].get_id() == asset.get_id():
                self._assets[i] = asset
                return
        raise ValueError("Asset not found")

    def delete(self, asset_id: int) -> None:
        for i in range(len(self._assets)):
```

```
        if self._assets[i].get_id() == asset_id:
            del self._assets[i]
            return
    raise ValueError("Asset not found")

def get_assets(self):
    return self._assets
```

接下来更新提示，在 AssetManager 类中添加通知功能。目前不
会分配任何观察者；这部分内容将会留到第 5 章开始处理数据流时
再进行。

```
# 定义一个名为 AssetManager 的类
# 包含资产的 CRUD 操作
# 以及一个通知观察者的方法
```

根据提示，如果重新创建整个类，Copilot 会添加通知框架，我
们后续将对其进行扩展(见代码清单 4.17)。

代码清单 4.17　已启用通知的更新版 AssetManager 定义

```
from itam.domain.asset import Asset

class AssetManager:
    def __init__(self):
        self._assets = []
        self.observers = []

    def add_observer(self, observer):
        self.observers.append(observer)

    def remove_observer(self, observer):
        self.observers.remove(observer)

    def notify_observers(self, event, asset):
        for observer in self.observers:
            observer.update(event, asset)

    def read(self, asset_id: int) -> Asset:
        for asset in self._assets:
```

```
        if asset.get_id() == asset_id:
            return asset
    raise ValueError("Asset not found")

def create(self, asset: Asset) -> None:
    self.notify_observers("CREATE", asset)
    self._assets.append(asset)

def update(self, asset: Asset) -> None:
    for i in range(len(self._assets)):
        if self._assets[i].get_id() == asset.get_id():
            self._assets[i] = asset
            self.notify_observers("UPDATE", asset)
            return
    raise ValueError("Asset not found")

def delete(self, asset_id: int) -> None:
    for i in range(len(self._assets)):
        if self._assets[i].get_id() == asset_id:
            del self._assets[i]
            self.notify_observers("DELETE", asset_id)
            return
    raise ValueError("Asset not found")

def get_assets(self):
    return self._assets
```

本章的下一节有另外两种模式：单例模式和仓库模式。但首先需要设置控制器与系统交互。它可指导端口和适配器的使用。

4.3　插入端口和适配器

ITAM 系统开始逐渐成形；核心业务模型已经构建完成。应用的模式使代码更加简洁、易读且可维护。然而，仍有一个明显的不足：如何与应用程序进行交互？本节将继续深入探讨六边形架构。

4.3.1　六边形架构回顾

众所周知，六边形架构是一种设计软件的方法，强调将核心业务逻辑与外部服务分离。可以将业务逻辑视为应用程序的"大脑"。它包含了应用程序为保证程序正确性需要的所有重要规则和结构。在这个类比中，外部服务是"手"或"眼睛"；允许与外部世界(用户界面、数据库等)进行交互。

六边形架构将主程序逻辑与按钮、屏幕和数据库等外部部分分离开来。这样就可以在不改变主程序的情况下轻松改变外部部分。它通过使用端口(定义外部部分与主程序的交互方式)和适配器(以具体方式实现这些交互)来实现这一点。

这种方法使得应用程序随着时间的推移更容易进行更改和演化。如果需要对其中一个外部系统进行更改，应用程序的核心不应受到影响；只需要更新适配器(见图 4.8)。

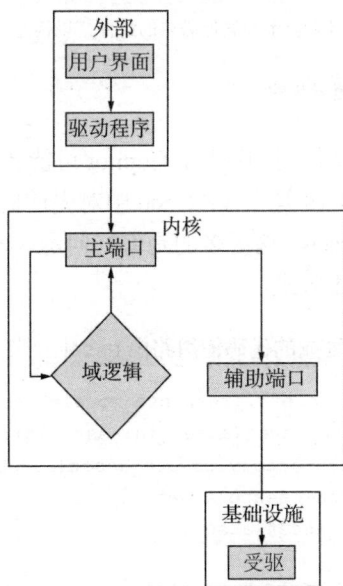

图 4.8　六边形架构实际应用时的更具概念性的可视化图。注意，核心与
　　　　系统的其他部分是分离的，只通过端口进行交互

4.3.2   驱动应用程序

首先为系统构建一个驱动程序。驱动程序是位于应用程序上下文边界之外的系统，它向系统发送请求，并可选择从应用程序接收响应。一个常规的例子是从 Web 浏览器到 REST 控制器的表述性状态转移(通常称为 REST)调用。

首先为 ITAM 系统添加一个 REST 控制器。它将暴露由 AssetManager 类提供的功能。创建一个名为 infrastructure/API 的目录，在其中创建一个名为 asset_controller.py 的文件。在文件开头，添加以下提示：

```
# 导入 Asset、AssetService、AssetFactory、AssetIn、AssetOut 和
from_asset 的语句
# 使用 AssetFactory 从 AssetIn 创建一个 Asset
# 从 FastAPI 构建 APIRouter 类的实例
# 定义 HTTP 端点以处理 AssetService 的 CRUD 操作
# 实现错误处理、日志记录和其他必要的组件，以构建一个健壮且可靠的 HTTP
API
# 所有方法都应该是异步的
```

鉴于没有指定要使用的路径，Copilot 可能会生成不一致或无效的路径。代码清单 4.18 是在 VS Code 中对先前提示的响应输出。路由是 asset 而不是 assets；这更多的是偏好问题而非标准，但在 REST 中名词通常使用复数形式。

代码清单 4.18   生成的代码使用路由 asset

```
@router.post('/asset', response_model=AssetOut)
async def create_asset(asset_in: AssetIn):
    asset = AssetFactory.create_asset(asset_in)
    asset_service.create(asset)
    return from_asset(asset)
```

可以选择手动更新代码以反映路径偏好。但最重要的是，确保在各种方法中保持一致。代码清单 4.19 展示了如何初始化运行应用

程序需要的所有服务。

代码清单 4.19　更新 main 类以反映一致的路由

```
from fastapi import APIRouter, HTTPException
from itam.domain.asset import Asset
from itam.service.asset_manager import AssetManager
from itam.domain.factory.asset_factory import AssetFactory
from itam.infrastructure.api.asset_model import AssetIn,
AssetOut, from_asset
import logging


router = APIRouter()

asset_manager = AssetManager()
asset_factory = AssetFactory()
```

　　接下来学习路由是如何定义的，以及其使用方法。前两个路由
定义了如何访问 Asset 对象。第一个 GET 请求获取系统中当前所有
的 Asset。现实世界中会包含分页和排序等便利功能。但是，鉴于系
统中当前条目数量有限，我们将省略这些功能。下一个 GET 方法通
过其标识符获取特定的 Asset(见代码清单 4.20)。

代码清单 4.20　AssetController 方法用于访问资产

```
@router.get('/assets', response_model=list[AssetOut])
async def get_assets():
    assets = asset_manager.get_assets()
    return [from_asset(asset) for asset in assets]


@router.get('/assets/{asset_id}', response_model=AssetOut)
async def read_asset(asset_id: int):
    try:
        asset = asset_manager.read(asset_id)
        return from_asset(asset)
    except ValueError as e:
    logging.error(e)
        raise HTTPException(status_code=404, detail="Asset not
```

found")

最后一组路由定义了如何创建、更新以及从系统中删除资产(见代码清单4.21)。注意，我们不会进行"软"删除，所谓软删除只会设置一个标志位，并且在后续查询中不返回该资产。

代码清单4.21　修改和删除资产的AssetController方法

```python
@router.post('/assets', response_model=AssetOut)
async def create_asset(asset_in: AssetIn):
    asset = asset_factory.new(asset_in.asset_type,
    asset_in.name, asset_in.unit_cost,
    asset_in.useful_life, asset_in.depreciation_strategy,
    asset_in.depreciation_rate, asset_in.salvage_value,
    asset_in.purchase_date)
    asset_manager.create(asset)
    return from_asset(asset)

@router.put('/assets/{asset_id}', response_model=AssetOut)
async def update_asset(asset_id: int, asset_in: AssetIn):
    try:
      asset = asset_factory.new(asset_in.asset_type,
        asset_in.name, asset_in.unit_cost,
        asset_in.useful_life, asset_in.depreciation_strategy,
        asset_in.depreciation_rate, asset_in.salvage_value,
        asset_in.purchase_date)
        asset.set_id(asset_id)
        asset_manager.update(asset)
        return from_asset(asset)
    except ValueError as e:
        logging.error(e)
        raise HTTPException(status_code=404, detail="Asset not
found")

@router.delete('/assets/{asset_id}')
async def delete_asset(asset_id: int):
    try:
        asset_manager.delete(asset_id)
    except ValueError as e:
```

```
logging.error(e)
raise HTTPException(status_code=404, detail="Asset not
found")
```

注意，简化的 Asset 类分别称为 AssetIn 和 AssetOut。可以在 AssetController 中定义这些类，也可以添加一个单独的类并在其中定义它们。在本书的参考实现中，它们被定义在一个名为 asset_model.py 的文件中。以下提示定义了 AssetIn 和 AssetOut 类。

```
# 为 AssetIn 定义一个 Pydantic 模型
# 应包含以下属性:
#  name: str
#  asset_type: str
#  department: str
#  depreciation_strategy: str
#  useful_life: int
#  unit_cost: float
#  depreciation_rate: float
#  salvage_value: float

# 为 AssetOut 定义一个 Pydantic 模型
# 应包含以下属性:
#  id: int
#  name: str
#  asset_type: str
#  department: str
#  depreciation_strategy: str
#  useful_life: int
#  unit_cost: float
#  depreciation_rate: float
#  salvage_value: float
# 应包含一个将 Asset 转换为 AssetOut 的方法
```

根据文件开头定义的提示，Copilot 生成的代码类似于代码清单 4.22。

代码清单 4.22 asset_model.py 中的 AssetIn 和 AssetOut 类

```python
from pydantic import BaseModel
from itam.domain.asset import Asset

class AssetIn(BaseModel):
    name: str
    asset_type: str
    department: str
    depreciation_strategy: str
    useful_life: int
    unit_cost: float
    depreciation_rate: float
    salvage_value: float
    purchase_date: str

class AssetOut(BaseModel):
    id: int
    name: str
    asset_type: str
    depreciation_strategy: str
    useful_life: int
    unit_cost: float
    depreciation_rate: float
    salvage_value: float
    purchase_date: str


@staticmethod
def from_asset(asset: Asset) -> AssetOut:
    return AssetOut(
        id=asset.id,
        name=asset.name,
        asset_type=asset.category,
        depreciation_strategy=str(asset.funding_details.dep
 reciation_strategy),
        useful_life=asset.useful_life,
        unit_cost=asset.cost,
        depreciation_rate=asset.funding_details.depreciation_rate,
        salvage_value=asset.salvage_value,
```

```
        purchase_date=asset.purchase_date.strftime("%Y-%m-%d"),
    )
```

可以选择在 AssetController 和 AssetManager 之间添加另一层抽象。这样做在极端情况下可以被视为六边形架构，但在计算机科学中，很少有困难是不能通过增加一层抽象来解决的。现在添加一个端口，用于与 AssetController 进行接口交互。下面为 AssetRestPort 类创建一个提示，并让 Copilot 生成代码。

```
# 定义一个名为 AssetRestPort 的接口
# 应将 AssetManager 中的所有方法作为抽象方法暴露出来
```

如代码清单 4.23 所示，这个提示指导 Copilot 创建一个接口，稍后将实现。

代码清单 4.23　AssetRestPort 的完整源代码

```python
from itam.domain.asset import Asset
from abc import abstractmethod

class AssetRestPort:
    @abstractmethod
    def read(self, asset_id: int) -> Asset:
        pass

    @abstractmethod
    def create(self, asset: Asset) -> None:
        pass

    @abstractmethod
    def update(self, asset: Asset) -> None:
        pass

    @abstractmethod
    def delete(self, asset_id: int) -> None:
        pass
```

```
@abstractmethod
def get_assets(self):
    pass
```

接下来将通过一个适配器来实现这个端口，该适配器将用于与控制器交互，以进一步抽象组件。如果需要，可以替换这个适配器，例如将其转换为命令行应用程序。对于 AssetRestAdapter 的提示如下：

```
# 定义一个名为 AssetRestAdapter 的接口
# 其构造器应接收一个 AssetManager 作为参数
# 它应暴露 AssetManager 中的所有方法
# 它应继承自 AssetRestPort
```

此提示中有两个重要元素。第一，它实现了之前定义的端口接口。第二，它封装了 AssetManager 的功能。结果如代码清单 4.24 所示。

代码清单 4.24　AssetRestAdapter 的源代码

```
from itam.domain.asset import Asset
from itam.infrastructure.ports.asset_rest_port import AssetRestPort
from itam.service.asset_manager import AssetManager

class AssetRestAdapter(AssetRestPort):
    def __init__(self, asset_manager: AssetManager):
        self._asset_manager = asset_manager

    def read(self, asset_id: int) -> Asset:
        return self._asset_manager.read(asset_id)

    def create(self, asset: Asset) -> None:
        self._asset_manager.create(asset)

    def update(self, asset: Asset) -> None:
        self._asset_manager.update(asset)

    def delete(self, asset_id: int) -> None:
        self._asset_manager.delete(asset_id)
```

```
def get_assets(self):
    return self._asset_manager.get_assets()
```

　　剩下要做的就是更新 AssetController，删除其对 AssetManager
方法的直接调用，转而让 AssetController 调用适配器的方法，由适
配器再调用 AssetManager 的方法(见代码清单 4.25)。从端口和适配
器模式中获得的主要启示是，它将系统驱动部分(本例中为 REST
API)与受驱应用程序(即业务模型和系统核心 AssetManager)之间的
交互抽象化。为了更直观地展示并预览，我们很快将再次修改该类，
将端口添加到构造器中。

代码清单 4.25　使用 AssetRestAdapter 更新的 AssetController 代码

```
router = APIRouter()

asset_rest_adapter = AssetRestAdapter(AssetManager())
asset_factory = AssetFactory()

@router.post('/assets', response_model=AssetOut)
async def create_asset(asset_in: AssetIn):
    asset = asset_factory.new(asset_in.asset_type,
    asset_in.name, asset_in.unit_cost,
    asset_in.useful_life, asset_in.depreciation_strategy,
    asset_in.depreciation_rate, asset_in.salvage_value,
    asset_in.purchase_date)
    asset_rest_adapter.create(asset)
    return from_asset(asset)
```

　　如前所述，我们将修改 AssetController 以删除所有对 AssetManager
的直接引用。当前的 AssetController 虽然没有直接调用任何
AssetManager 方法，但仍然间接引用了 AssetManager，因为
AssetManager 是在 AssetController 中构建的。这样做可以进一步隔离
AssetManager，使其免受驱动程序的更改。

4.3.3 访问数据和持久化更改

软件中的抽象不仅仅是一个学术问题。这些抽象使得在满足需求和进行更改时具有灵活性。它们可以隐藏复杂性，将行为封装在看似简单的接口后面。这引出了下一个模式：仓库模式。

仓库模式

仓库模式是一种设计模式，通过创建独立的地方来处理诸如获取、保存、更新和删除数据的任务，从而帮助管理数据。它连接数据源(例如数据库或文件)与应用程序的其他部分，将数据访问代码与其他代码分离。

在 ITAM 项目中，仓库模式允许呈现一个大大简化的接口，掩盖数据访问的复杂性。从仓库或 AssetManager 的角度看，数据访问层只是一系列方法。在幕后，它可以是 REST API、Redis 缓存、MongoDB、文件或任何类型的数据库。下面创建一个提示，使用仓库模式设置通用数据访问层。

创建一个名为 BaseRepository 的抽象基类，该类使用仓库模式表示通用的数据访问层。
该类应定义用于 CRUD 操作的通用方法，例如创建、读取、更新和删除。
确保为输入参数和返回值使用类型提示。

通过此提示，Copilot 将具备建立所有实现都会遵守的契约所需的一切。下面来查看代码(见代码清单 4.26)。

代码清单 4.26　BaseRepository 的代码

```python
from abc import ABC, abstractmethod
from typing import List, TypeVar, Generic

T = TypeVar('T')

class BaseRepository(ABC, Generic[T]):
    @abstractmethod
    def create(self, entity: T) -> None:
```

```
        pass

    @abstractmethod
    def read(self, entity_id: int) -> T:
        pass

    @abstractmethod
    def update(self, entity: T) -> None:
        pass

    @abstractmethod
    def delete(self, entity_id: int) -> None:
        pass

    @abstractmethod
    def get_entities(self) -> List[T]:
        pass
```

　　Copilot 引入了一个泛型，允许在实现时提供类型提示。如果声明类型是 Asset，方法签名将体现这一点。第一次尝试的是内存中的数据存储。这有助于对整个系统进行端到端测试。它也很好地展示了抽象的有用性。稍后，我们将添加另一个使用 Postgres 的实现。但首先，提示如下：

```
# 定义一个名为 InMemoryAssetRepository 的类，继承自 BaseRepository
抽象类。
# InMemoryAssetRepository 应专门用于使用内存列表来存储和更新 Asset
对象。
# 使用内存列表实现必要的 CRUD 操作，如创建、读取、更新和删除 Asset 对象
# 确保为输入参数和返回值使用类型提示。
```

　　内存实现将使用一个简单的列表来存储资产。我们将能够执行所有 CRUD 操作。此外，Copilot 会添加类型提示，让其他人知道它应该接收和返回资产(见代码清单 4.27)。这就是 BaseRepository[Asset] 的含义：它是 BaseRepository 的一个实现，其泛型类型是 Asset。

代码清单 4.27 InMemoryAssetRepository 的代码

```
from itam.infrastructure.repository.base_repository import
BaseRepository
from itam.domain.asset import Asset

class InMemoryAssetRepository(BaseRepository[Asset]):
    def __init__(self):
        self._assets = []

    def create(self, asset: Asset) -> None:
        self._assets.append(asset)

    def read(self, asset_id: int) -> Asset:
        return next((asset for asset in self._assets
if asset.id == asset_id), None)

    def update(self, asset: Asset) -> None:
        for i in range(len(self._assets)):
            if self._assets[i].id == asset.id:
                self._assets[i] = asset
                break

    def delete(self, asset_id: int) -> None:
            self._assets = [asset for asset in self._assets
if asset.id != asset_id]

    def get_entities(self) -> list[Asset]:
        return self._assets
```

最后，将更新 AssetManager，将 Asset 的 CRUD 操作委托给
BaseRepository 实例(_repository)。代码清单 4.28 是完整的源代码，
包括文件开头的提示。

代码清单 4.28 使用 InMemoryAssetRepository 的 AssetManager

```
# 定义一个名为 AssetManager 的类，
# 包含对 Asset 的 CRUD 操作
# 以及在资产创建、更新或删除时通知观察者的方法
```

```
# AssetManager 应使用 InMemoryAssetRepository 类的实例进行数据访问
和对 Asset 对象的 CRUD 操作。
# 使用 AssetRepository 实例实现创建、读取、更新和删除资产的方法。
# 请为输入参数和返回值添加类型提示。
# 方法应命名为 create、read、update、get_assets 和 delete。

from itam.domain.asset import Asset
from itam.infrastructure.repository.in_memory_asset_repository
import InMemoryAssetRepository

class AssetManager:
    def __init__(self):
        self._repository = InMemoryAssetRepository()

    def create(self, asset: Asset) -> Asset:
        self._repository.create(asset)
        return asset

    def read(self, asset_id: int) -> Asset:
        return self._repository.read(asset_id)

    def update(self, asset: Asset) -> Asset:
        self._repository.update(asset)
        return asset

    def get_assets(self) -> list[Asset]:
        return self._repository.get_entities()

    def delete(self, asset_id: int) -> None:
        self._repository.delete(asset_id)
```

此时已有一个核心业务领域,它不受系统影响。有端口可以接收请求,也有端口可以存储数据(至少在系统运行期间)。我们应该能够通过运行系统、向创建端点发送 POST 请求,并从 GET 端点读取来测试系统端到端的工作。一旦确认系统能够端到端工作,可以解决数据仅在内存中持久化的问题;现在可以连接一个实际的数据库。为此,引入本章最后一个模式:单例模式。单例在概念上非常简单易懂；任何时候都应只有一个实例在运行。它适用于许多用例：
日志记录、缓存、配置设置或数据库连接管理。

单例模式
单例模式是一种设计模式，它确保一个类只有一个实例，并提
供对该实例的全局访问点。当希望在整个程序的不同部分共享一个
对象而不是创建同一类的多个实例时，可以使用它。

4.3.4　集中(和外部化)数据访问

我们将要求 Copilot 创建一个单例类来管理数据库连接。注意，
不应该在源代码中硬编码用户名或密码(或任何连接细节)，这不仅
是因为其本身安全性较低，还因为细节可能会因环境(DEV、QA 或
PROD)的不同而不同。因此，我们要求 Copilot 接收这些值作为环境
变量，并使用它们配置连接。

```
# 使用单例模式创建一个名为 DatabaseConnection 的 Python 类，使用
SQLAlchemy 管理与 PostgreSQL 数据库的单一连接。
# 该类应从环境变量中读取数据库用户名、密码和连接字符串。
# 环境变量应命名为：DB_USERNAME、DB_PASSWORD、DB_HOST、DB_PORT 和
DB_NAME。
```

我们要求 Copilot 使用 SQLAlchemy——一个对象关系映射
(ORM)工具——来执行针对数据库的操作。Copilot 会巧妙地组装源
代码。@staticmethod 关键字创建一个属于类而不是类实例的方法。
此关键字用于获取 DatabaseConnection 类的实例。因为静态方法不
能修改实例数据，所以可以确保此类只有一个实例在运行，从而实
现单例模式。构造器通过使用环境变量进行字符串插值来初始化数
据库连接(见代码清单 4.29)。

代码清单 4.29　DatabaseConnection 的实现

```
from sqlalchemy import create_engine
from sqlalchemy.orm import sessionmaker
import os
```

```python
class DatabaseConnection:
    __instance = None
    @staticmethod
    def get_instance():
        if DatabaseConnection.__instance == None:
            DatabaseConnection()
        return DatabaseConnection.__instance

    def __init__(self):
        if DatabaseConnection.__instance != None:
            raise Exception("This class is a singleton!")
        else:
            DatabaseConnection.__instance = self
            self.engine =
create_engine(f"postgresql://
{os.environ['DB_USERNAME']}:
{os.environ['DB_PASSWORD']}@
{os.environ['DB_HOST']}:
{os.environ['DB_PORT']}/
{os.environ['DB_NAME']}")
            self.Session = sessionmaker(bind=self.engine)

    def get_session(self):
        return self.Session()
```

　　既然已经可以连接到数据库，接下来需要创建一个仓库，利用这个连接来存储和检索 Asset 对象。创建一个名为 SQLAlchemy-AssetRepository 类来完成这项任务(见代码清单 4.30)。

代码清单 4.30　SQLAlchemyAssetRepository 类的提示和代码

```python
# 定义一个名为 SQLAlchemyAssetRepository 的类，该类使用 SQLAlchemy
实现用于数据访问的 AssetRepository 接口。
# 该类应处理资产的 CRUD 操作(创建、读取、更新和删除)，通过 SQLAlchemy
在 PostgreSQL 数据库中存储和检索资产。

from itam.domain.asset import Asset
```

```
from itam.infrastructure.repository.base_repository import
BaseRepository
from sqlalchemy.orm import Session

class SQLAlchemyAssetRepository(BaseRepository[Asset]):
    def __init__(self, session: Session):
        self._session = session

    def create(self, asset: Asset) -> Asset:
        self._session.add(asset)
        self._session.commit()
        return asset

    def read(self, asset_id: int) -> Asset:
        return self._session.query(Asset)
.filter(Asset.id == asset_id).first()

    def update(self, asset: Asset) -> Asset:
        self._session.query(Asset)
.filter(Asset.id == asset.id).update(asset)
        self._session.commit()
        return asset

    def get_assets(self) -> list[Asset]:
        return self._session.query(Asset).all()

    def delete(self, asset_id: int) -> None:
        self._session.query(Asset).filter(Asset.id == asset_id).
        delete()
        self._session.commit()
```

接下来重构AssetController以传入AssetRestPort(见代码清单4.31)。这样做可以替换应用程序的驱动部分。这次重构进一步将驱动程序从业务核心中抽象出来。

代码清单 4.31　暴露路由的更新后的 AssetController

```
from itam.infrastructure.ports.asset_rest_port import AssetRestPort
```

```python
import logging

class AssetController:
    def __init__(self, asset_rest_port: AssetRestPort):
        self._asset_factory = AssetFactory()
        self._asset_rest_port = asset_rest_port
        ...

    def get_router(self):
        return self._router

    async def get_assets(self):
        return [ from_asset(a) for a in self._asset_rest_port.
        get_assets()]

    async def get_asset(self, asset_id: int):
        asset = self._asset_rest_port.read(asset_id)
        if asset is None:
            raise HTTPException(status_code=404, detail="Asset
            not found")
        return from_asset(asset)

    async def create_asset(self, asset_in: AssetIn):
        asset = self._asset_factory.new(
asset_in.asset_type,
asset_in.name,
asset_in.unit_cost,
asset_in.useful_life,
asset_in.depreciation_strategy,
asset_in.depreciation_rate,
asset_in.salvage_value,
asset_in.purchase_date)
        self._asset_rest_port.create(asset)
        return from_asset(asset)

    async def update_asset(self, asset_id: int, asset_in: AssetIn):
        asset = self._asset_factory.new(
asset_in.asset_type,
```

```
asset_in.name,
asset_in.unit_cost,
asset_in.useful_life,
asset_in.depreciation_strategy,
asset_in.depreciation_rate,
asset_in.salvage_value,
asset_in.purchase_date)

    asset.id = asset_id
    asset = self._asset_rest_port.update(asset)
    if asset is None:
        raise HTTPException(status_code=404, detail="Asset
        not found")
    return from_asset(asset)

async def delete_asset(self, asset_id: int):
    asset = self._asset_rest_port.read(asset_id)
    if asset is None:
        raise HTTPException(status_code=404, detail="Asset
        not found")
    self._asset_rest_port.delete(asset_id)
    return from_asset(asset)
```

现在可以将应用程序的初始化逻辑整合到 main.py 文件中(见代码清单 4.32)。这是最大的收获。系统采用分层结构，以便于在需要时或需求变化时替换组件。

代码清单 4.32　main.py 的最终版本

```
from fastapi import FastAPI
from itam.infrastructure.api.asset_controller import Asset-
Controller
#from itam.infrastructure.repository.in_memory_asset_repository
    import InMemoryAssetRepository
from itam.infrastructure.repository.sqlalchemy_asset_repository
    import SQLAlchemyAssetRepository
from itam.infrastructure.database.database_connection
    import DatabaseConnection
```

```
from itam.service.asset_manager import AssetManager
from itam.infrastructure.adapters.asset_rest_adapter import
AssetRestAdapter
import uvicorn

app = FastAPI()
session = DatabaseConnection().get_session()
#repository = InMemoryAssetRepository()
repository = SQLAlchemyAssetRepository(session)
asset_manager = AssetManager(repository)
asset_rest_adapter = AssetRestAdapter(asset_manager)
asset_controller = AssetController(asset_rest_adapter)
app.include_router(asset_controller.get_router())

if __name__ == '__main__':
    uvicorn.run(app, host='0.0.0.0', port=8000)
```

恭喜！现在有了一个可以将数据持久化到数据库的运行系统。

4.4　本章小结

- 修饰器模式是一种结构设计模式，允许在不改变现有类的情况下动态地添加新的对象行为或修改现有行为。这通过将当前对象封装在修饰对象中来实现。

- 访问者模式为给定类添加新行为或更改其现有行为。

- 工厂模式是一种创建型模式，允许将一些试图创建对象的细节抽象化。

- 构建器模式也是一种创建型设计模式，通过提供逐步指导来创建对象，并提供一个流畅的 API。

- 适配器模式是一种结构设计模式，允许在目标接口和具有不兼容接口的类之间架起桥梁。

- 观察者模式是一种行为模式，其中 Subject 类通过通知向观察者类报告某些状态变化。

- 六边形架构将主程序逻辑与外部组件(如按钮、屏幕和数据库)分离。它有助于在不更改主程序的情况下轻松更改外部组件。
- 仓库模式是一种设计模式，通过创建单独的地方来处理获取、保存、更新和删除数据等任务，从而帮助管理数据。它连接数据源(如数据库或文件)与应用程序的其他部分，使数据访问代码与其他代码分离。
- 单例模式是一种设计模式，确保一个类只有一个实例，并提供对该实例的全局访问点。当希望在整个程序的不同部分共享一个对象而不是创建同一类的多个实例时，可以使用此模式。

第 5 章

使用GitHub Copilot和 Copilot Chat管理数据

本章内容：

- 将数据持久化到关系型数据库
- 使用 Apache Kafka 流式处理数据
- 融入事件驱动原则
- 使用 Spark 分析数据以监控位置

第 4 章为 ITAM 系统奠定了基础。然而，没有数据，这个应用程序将无法满足需求。数据是每个应用程序的命脉。本章讨论如何利用生成式 AI 创建数据、流式传输数据、转换数据、响应数据以及从数据中学习。

细心的读者可能已经注意到，第 4 章中的数据访问模式是不完整的，因此无法正常工作。本章的开头部分将解决这个问题。之后，将设置数据库，修复访问这些数据的类，并加载示例数据供本章后续使用。

5.1　构建数据集

第一个任务是构建一个庞大的数据语料库,以协助本章其余部分的实验。首先使用 GitHub Copilot 生成 1000 行资产信息。然而,很快便可发现这可能不是最适合此任务的工具。使用这些工具的关键驱动因素之一是探索:测试其边界,对其进行挑战,并偶尔进行反击。但该过程往往是乐趣所在。一旦找到其边界,将接触到一个以前未见过的新工具:GitHub Copilot Chat。最后,在创建了资产列表后,再次使用 GitHub Copilot Chat 添加资产的位置信息。

构建初始数据集之前,需要让数据库运行起来。Docker 让这项任务更简单,允许快速启动空 PostgreSQL(或其他 RDBMS/NoSQL 服务器),而无须花费太多精力。如果忘记如何执行该命令,也不用担心,可以询问 Copilot。打开名为 data/initial_data_load.sql 的新文件,并在新创建的 SQL 文件顶部输入以下提示:

-- 问题:运行 Docker 容器并为 itam_db 数据库运行 PostgreSQL 的命令是什么?我想指定该数据库的密码。

Copilot 会逐步显示 Docker 命令。

```
-- 答案: docker run --name itam_db
   -e POSTGRES_PASSWORD=postgres -d
   -p 5432:5432 postgres
```

一旦在终端或命令行中运行此命令,就可以开始构建数据集。这应该能够连接到本地运行的数据库。注意,其中有一个名为 itam_db 的数据库正在运行。但是,这个数据库没有任何模式、表或数据。下面先设置一个新的模式。

在 initial_data_load.sql 中添加一个提示,让 Copilot 起草创建模式的命令。以下提示(以及来自 Copilot 的响应)允许在数据库客户端应用程序(例如 DataGrip、SQuirreL、pdAdmin 或者使用 Docker exec

命令 docker exec -i itam_db psql -U postgres -c "create schema itam")
中创建一个名为 itam 的新模式。

```
-- 创建一个名为 itam 的模式
create schema itam;
```

接下来为应用程序添加一个用户。此用户能够对数据执行
CRUD(创建、读取、更新、删除)操作，但无权更改数据库表或存储
过程的结构。

注意：以双短横线(--)开头的行是 SQL 中的注释。从 Copilot 的
角度看，注释这些行是可选的，因为它生成的解决方案中不会包含
这些注释；这有助于直接将代码复制粘贴到选择的数据库工具中。

同时添加一个管理员账户来执行读写用户无法执行的操作，例
如创建或删除表。具体见代码清单 5.1。

代码清单 5.1　创建新用户的提示

```
-- 创建用户 itam_user 和 itam_admin。itam_user 应能够读取和写入 itam
模式中的表。itam_admin 应能够读取和写入 itam 模式中的表，并能够在 itam
模式中创建和删除表。
create user itam_user with password 'itam_user';
create user itam_admin with password 'itam_admin';
grant usage on schema itam to itam_user;
grant usage on schema itam to itam_admin;
grant select, insert, update, delete on all tables in schema
itam to itam_user;
grant select, insert, update, delete on all tables in schema
itam to itam_admin;
grant usage, drop on schema itam to itam_admin;
```

接下来把这个模式的所有权授予 itam_admin 账户。转移此所有
权将确保只有这个账户可以更改表结构(数据定义)。

```
-- 将 itam 模式的所有权授予 itam_admin
alter schema itam owner to itam_admin;
```

完成这些设置、账户创建和确定系统所有权后，可以开始关注
数据。首先添加支持资产的引用数据：折旧策略。这类数据较为静
态，更改频率较低，甚至几乎不变。代码清单 5.2 用来定义并存储
这些策略。

代码清单 5.2　创建 depreciation_strategy 表的提示

```
-- 在 itam 模式中创建一个名为 depreciation_strategy 的表。该表应包含
以下列：id(int)、name(varchar)以及 description(varchar)。该表应
在 id 上设置主键。
-- id 需要用引号括起来，因为它在 PostgreSQL 中是保留字
-- 折旧策略有两个值：直线法和双倍余额递减法
create table itam.depreciation_strategy (
    "id" int primary key,
    "name" varchar,
    "description" varchar
);
```

我们使用序列作为表的主键(见代码清单 5.3)。虽然严格来说，
这对于一个表来说并不是必需的，因为这个表不会很大，而且可以
手动输入已知的值，但添加这个序列有助于更多地与 Copilot 合作，
并让它提出一些建议。此外，向 Copilot 提出问题并让 Copilot 在文
本文件中回答也很有趣。

代码清单 5.3　创建一个序列以用作主键

```
-- 创建一个名为 depreciation_strategy_seq 的序列，该序列应从 1 开始，
每次递增 1，并应作为 depreciation_strategy 表的主键使用。
```

当然，有了所说的序列，需要知道如何将该序列与 depreciation_
strategy 表的主键列关联起来。幸运的是，Copilot 有答案(见代码清
单 5.4)。

代码清单 5.4　向 Copilot 询问如何将序列与主键关联

```
-- 问题：如何让序列成为 depreciation_strategy 表的主键？
```

```
-- 答案：使用下列命令
alter table itam.depreciation_strategy
    alter column "id"
    set default
    nextval('itam.depreciation_strategy_seq'
        ::regclass);
```

最后，如代码清单 5.5 所示，将静态条目插入此表来完成此表。目前仅使用两种折旧策略：直线法和双倍余额递减法。

代码清单 5.5　向 depreciation_strategy 表中添加静态条目

```
insert into depreciation_strategy (id, name, description)
    values (1, 'straight line',
    'straight line');

insert into depreciation_strategy (id, name, description)
    values (2, 'double declining balance',
    'double declining balance');
```

下面来看 funding_details 表。其中的信息告诉我们设备融资方法、转售价值，以及资产在其使用寿命结束后应如何处理的指示。采取的步骤顺序与对折旧策略做的完全相同，唯一的区别是这里不会添加静态条目，因为这些数据直接与单个资产相关。现定义该表，创建序列，并将该序列应用到表中，作为主键使用(见代码清单 5.6)。

代码清单 5.6　funding_details 表的完整代码清单

```
-- 在 itam 模式下创建一个名为 funding_details 的表。该表应包含以下列：
id(int)、name(varchar)、depreciation_strategy_id(int)和depreciation_
rate(float)。该表应在 id 上设置主键。
-- depreciation_strategy_id 是指向 depreciation_strategy 表的外键。
-- id 需要用引号括起来，因为它是 PostgreSQL 中的保留字。
create table itam.funding_details (
    "id" int primary key,
    "name" varchar,
    "depreciation_strategy_id" int,
    "depreciation_rate" float
```

```
);
```

-- 创建一个名为 funding_details_seq 的序列，该序列应从 1 开始，每次递
增 1，并应作为 funding_details 表的主键使用。
```
create sequence itam.funding_details_seq start 1 increment 1;

alter table itam.funding_details
alter column "id"
set default
nextval('itam.funding_details_seq'
    ::regclass);
```

最后要定义和生成的信息是资产本身。此代码清单虽然冗长，
但为了完整性仍作了展示(见代码清单 5.7)。我们创建表，生成序列，
并将其用作主键。

代码清单 5.7　assets 表的完整代码清单

-- 在 itam 模式中创建一个名为 assets 的表。该表应包含以下列：
-- id (int)、name (varchar)、status (varchar)，category (varchar)、
cost (float)、useful_life (int)、salvage_value (float)、purchase_
date (date)、funding_details_id (int)。该表应在 id 上设置主键，并在
funding_details id 上设置外键。
-- id 需要用引号括起来，因为它在 PostgreSQL 中是保留字
-- 该表应有一个名为 assets_id_seq 的序列，该序列应从 1 开始，每次递增 1，
并应作为 assets 表的主键。
```
create table itam.assets (
    "id" int primary key,
    "name" varchar,
    "status" varchar,
    "category" varchar,
    "cost" float,
    "useful_life" int,
    "salvage_value" float,
    "purchase_date" date,
    "funding_details_id" int
);
```
-- 创建一个名为 assets_seq 的序列，该序列应从 1 开始，每次递增 1，并应

作为 assets 表的主键。创建序列 itam.assets_seq 从 1 开始，每次递增 1：

```
alter table itam.assets alter column "id"
set default
nextval('itam.assets_seq'::
    regclass);
```

在定义和创建表之后，现在将重点放在创建数据上。在文本文件中，使用参数向 Copilot 说明所需的数据集。Copilot 很可能会尝试帮助概述新数据集的属性(见代码清单 5.8)。

代码清单 5.8　创建资产表的数据集

-- 为 ITAM 系统生成一个 assets 数据集。该数据集应包括下列: id(int)、name(varchar)、status(varchar)、category(varchar)、cost(float)、useful_life(int)、salvage_value(float)、purchase_date(date)、funding_details_id(int)。该数据集应有 1000 行，按 id 排序。每一行应具有以下特征:
-- - id 应是唯一的整数，从 1 开始顺序排列。
-- - name 应是一个长度在 1 到 50 个字符之间的随机字符串。
-- - status 应从以下有效的资产状态中随机选择: 在用、库存、已处置、维修中、运输中、其他。
-- - category 应从以下有效类别中随机选择: 硬件、软件、其他。
-- - cost 应为 0 到 100000 之间的随机浮点数。
-- - useful_life 应为 1 到 10 之间的随机整数。
-- - salvage_value 应为大于 0 但小于资产成本的随机浮点数。
-- - purchase_date 应为 2019 年 1 月 1 日至 2022 年 12 月 31 日之间的随机日期。
-- - funding_details_id 应为 1 或 2 的随机整数。
-- 该数据集应保存为数据目录中的名为 assets.csv 的 CSV 文件。文件应包含标题行，且各列具有以下数据类型: id(int)、name(varchar)、status(varchar)、category(varchar)、cost(float)、useful_life(int)、salvage_value(float)、purchase_date(date)、funding_details_id(int)。

Copilot 提供的解决方案是新颖的(见代码清单 5.9)。它使用 Postgres 内置函数构建了一个大型序列，这意味着该解决方案不具备移植性。然而，鉴于此数据库将投入使用，这仍然是一个合适的解决方案。

生成的数据集经过了优化。如果使用 Python 并请求 Copilot 协助编写脚本来生成文件以加载到 Postgres，会获得更好的结果。然而，鉴于此数据集仅用于测试应用程序，目前不必过于担心数据质量——尽管在现实世界中，数据质量至关重要。

代码清单 5.9　Copilot 的响应：基于序列的 insert 语句

```
insert into itam.assets (id, name, status,
    category, cost, useful_life, salvage_value,
    purchase_date, funding_details_id)
select
    id,
    name,
    status,
    category,
    cost,
    useful_life,
    salvage_value,
    purchase_date,
    funding_details_id
from (
select
    row_number() over (order by random()) as id,
    md5(random()::text) as name,
    case
        when random() < 0.2 then 'in use'
        when random() < 0.4 then 'in storage'
        when random() < 0.6 then 'disposed of'
        when random() < 0.8 then 'in repair'
        when random() < 0.9 then 'in transit'
        else 'other'
    end as status,
    case
        when random() < 0.5 then 'hardware'
        when random() < 0.9 then 'software'
        else 'other'
    end as category,
    random() * 100000 as cost,
```

```
    (random() * 100)::int as useful_life,
  random() * (random() * 100000) as salvage_value,
  -- generate a random date between 1/1/2019 and 12/31/2022
  -- this does not work please fix
  -- '2019-01-01'::date + random() *
     ('2022-12-31'::date - '2019-01-01'::date)
     as purchase_date,
  '2019-01-01'::date + (random() *
    (DATE '2022-12-31' - DATE '2019-01-01')
    ::integer)::integer as purchase_date
  case
     when random() < 0.5 then 1
     else 2
  end as funding_details_id
from generate_series(1, 1000)
) as assets;
```

如果回到 ChatGPT，就能获得另一种关于如何创建这类数据集的意见。ChatGPT 建议使用 Python 的 faker 库(见代码清单 5.10)。faker 包用于生成模拟数据，例如常见的英文名字。numpy 用于生成成本、使用寿命和残值的随机浮点数值。pandas 用于管理 DataFrame(表格)中的数据。此外，还可以使用 df.to_csv('assets.csv',index=False)方法将 DataFrame 保存为 CSV 文件。

代码清单 5.10　ChatGPT 建议使用 Faker 生成虚假数据集

```
import pandas as pd
import numpy as np
import random
from faker import Faker

# 创建 Faker 对象
fake = Faker()

# 定义有效的状态、类别、资金详情和折旧策略
strategies
valid_statuses = ['in use', 'in storage',
```

```
'disposed', 'in repair', 'in transit', 'other']
valid_categories = ['hardware']
valid_funding_details = ['purchased']
valid_depreciation_strategies = ['straight line']

# 生成数据
data = {
    'id': list(range(1, 1001)),
    'name': [fake.first_name() for _ in range(1000)],
    'status': [random.choice(valid_statuses) for _ in range
    (1000)],
    'category': [random.choice(valid_categories) for _ in
    range(1000)],
    'cost': np.random.uniform(0, 100000, 1000),
    'useful_life': np.random.uniform(1, 10, 1000),
    'salvage_value': np.random.uniform(0, 10000, 1000),
    'funding_details': [random.choice(valid_funding_details)
for _ in range(1000)],
    'depreciation_strategy': [random.choice(
    valid_depreciation_strategies)
    for _ in range(1000)],
}

#
df = pd.DataFrame(data)

#创建 DataFrame
df = df.sort_values('id')

#显示 DataFrame
print(df)
```

对于这些资产中的每一项，还需要提供资金详情，包括其如何融资(本例中为购买)以及折旧详情。如代码清单 5.11 所示，Copilot 给出了类似的解决方案: 使用类似用于资产的提示生成一系列条目。需要确保对于每个资产标识符(1~1000)，都有对应的资金详情条目。否则，在运行此代码时，可能会遇到空指针的问题。

代码清单 5.11　创建 funding_details 表的数据集

```
-- 为 ITAM 系统生成一个资金详情数据集。该数据集应包括以下列：id(int)、
name(varchar)、depreciation_strategy_id(int)、depreciation_
rate(float)。该数据集应有 1000 行，按 id 排序。
-- 每行应具有以下特征：
-- - id 应为唯一的整数，从 1 开始依次递增。
-- - name 应为随机生成的 1 到 10 个字符长的字符串。
-- - depreciation_strategy_id 应为随机整数，值为 1 或 2。
-- - depreciation_rate 应为随机浮点数，范围在 0 到 0.4 之间。

insert into itam.funding_details (id, name,
    depreciation_strategy_id, depreciation_rate)
select
    id,
    name,
    depreciation_strategy_id,
    depreciation_rate
from (
    select
        row_number() over (order by random()) as id,
        md5(random()::text) as name,
        case
            when random() < 0.5 then 1
            else 2
        end as depreciation_strategy_id,
        random() * 0.4 as depreciation_rate
    from generate_series(1, 1000)
) as funding_details;
```

数据集生成并存储在数据库中之后，便可将应用程序的其余部分连接起来，使用 REST API 来存储和显示资产。然而，因为前面在构建阶段去除了所有用于 SQLAlchemy 的元数据(参见第 4 章)，现在需要一种不同的方法将这些元数据与适配器连接起来。

此时，已经达到了 Copilot 能力的极限。接下来该怎么做，如何解决最近遇到的问题？尽管放弃很有诱惑，但不能就此罢休。因此，现在来介绍 Copilot 产品套件的最新部分：Copilot Chat。Copilot Chat

是嵌入 IDE 中的 GPT-4 模型(目前仅被 Visual Studio Code 支持)。打
开聊天对话框,并询问如何保持业务模型的清晰,同时继续使用
SQLAlchemy 的对象关系映射(ORM)功能。图 5.1 显示了 ChatGPT
的响应。

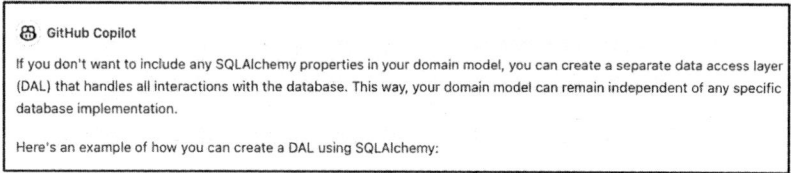

GitHub Copilot

If you don't want to include any SQLAlchemy properties in your domain model, you can create a separate data access layer (DAL) that handles all interactions with the database. This way, your domain model can remain independent of any specific database implementation.

Here's an example of how you can create a DAL using SQLAlchemy:

图 5.1   GitHub Copilot Chat 解决最近困境的方案

Copilot Chat 建议创建独立的数据访问层。这种方法与迄今为止
使用的端口和适配器方法非常契合。此外,Copilot Chat 建议建模类
似于领域的类,但要包含让 ORM 功能正常工作所需的元数据。最
终代码如代码清单 5.12 所示。

代码清单 5.12   域类之外的 ORM 支持

```python
Base = declarative_base()

class FundingDetailsModel(Base):
    __tablename__ = 'funding_details'
    id = Column(Integer, primary_key=True)
    depreciation_rate = Column(Float)
    depreciation_strategy_id = Column(Integer)

    def get_depreciation_strategy(self) -> DepreciationStrategy:
        if self.depreciation_strategy_id is 1:
            return StraightLineDepreciationStrategy()
        else:
            return DoubleDecliningDepreciationStrategy()

class AssetModel(Base):
    __tablename__ = 'assets'
    id = Column(Integer, primary_key=True)
    name = Column(String)
```

```
status = Column(String)
category = Column(String)
cost = Column(Float)
useful_life = Column(Float)
salvage_value = Column(Float)
purchase_date = Column(Date)
funding_details_id = Column(Integer, ForeignKey('funding_
details.id'))
funding_details = relationship('FundingDetailsModel')
```

现在外部模型类已经创建完毕，必须将这些 ORM 实例映射到领域模型，然后再将其返回给系统的核心。这在这样一个简单的应用程序中可能看起来像是过度设计的代码，但它赋予领域模型极大的灵活性。例如，模型可以执行 CRUD 之外的复杂操作。如果保持领域模型与数据访问层中使用的模型一致会受限于这些操作。

接下来，将使用 Copilot 和 Copilot Chat 探讨如何将事件驱动的思想融入应用程序。事件驱动的概念允许实时跟踪 IT 资产的位置、状态和市场价值等信息。

5.2　使用 Kafka 实时监控资产

我们将实时监控资产，以推动对生成式 AI 与事件驱动架构结合应用的探索。现假设某个外部系统会在资产移动位置时触发事件。

深入研究 ITAM 事件需要配置额外服务。本例中将使用 Apache Kafka。Apache Kafka 是一个分布式流处理平台，用于构建实时数据管道和流应用程序。根据设计，它可用来处理多个来源的数据流，并将这些数据流传递给众多消费者，有效充当了实时数据的中介。

首先，询问 Copilot Chat 如何使用 Docker 本地运行 Kafka。据不实传闻，Apache Kafka 有安装和配置困难的问题，而通过 Docker 运行可以避免这一争议。使用 Copilot Chat，可以生成 Docker Compose 文件。然而，通常情况下，其版本非常旧，甚至不支持某些硬件。

代码清单 5.13 是来自 Confluent(对 Kafka 提供商业支持的公司)官方 GitHub 仓库的更新清单。注意，Docker Compose 文件的内容包括 Kafka 和 Zookeeper。Zookeeper 是一个分布式协调服务，Kafka 使用它来管理和协调集群中的代理(至少目前是这样)。未来版本的目标是移除对 Zookeeper 的依赖。

代码清单 5.13　用于启动带有 Zookeeper 的 Kafka 的 Docker Compose 文件

```
version: '2.1'

services:
  zookeeper:
    image: confluentinc/cp-zookeeper:7.3.2
    container_name: zookeeper
    ports:
      - "2181:2181"
    environment:
      ZOOKEEPER_CLIENT_PORT: 2181
      ZOOKEEPER_SERVER_ID: 1
      ZOOKEEPER_SERVERS: zoo1:2888:3888

  kafka:
    image: confluentinc/cp-kafka:7.3.2
    hostname: kafka
    container_name: kafka
    ports:
      - "9092:9092"
      - "29092:29092"
      - "9999:9999"
    environment:
      KAFKA_ADVERTISED_LISTENERS:
          INTERNAL://kafka:19092,EXTERNAL://
          ${DOCKER_HOST_IP:127.0.0.1}:9092,
          DOCKER://host.docker.internal:29092
      KAFKA_LISTENER_SECURITY_PROTOCOL_MAP:
INTERNAL:PLAINTEXT,EXTERNAL:PLAINTEXT,
```

```
DOCKER:PLAINTEXT
    KAFKA_INTER_BROKER_LISTENER_NAME: INTERNAL
    KAFKA_ZOOKEEPER_CONNECT: "zookeeper:2181"
    KAFKA_BROKER_ID: 1
    KAFKA_LOG4J_LOGGERS: "kafka.controller=
        INFO,kafka.producer.async
        .DefaultEventHandler=INFO,
        state.change.logger=INFO"
    KAFKA_OFFSETS_TOPIC_REPLICATION_FACTOR: 1
    KAFKA_TRANSACTION_STATE_LOG_REPLICATION_FACTOR: 1
    KAFKA_TRANSACTION_STATE_LOG_MIN_ISR: 1
    KAFKA_JMX_PORT: 9999
    KAFKA_JMX_HOSTNAME: ${DOCKER_HOST_IP:-127.0.0.1}
    KAFKA_AUTHORIZER_CLASS_NAME: kafka.security.authorizer.
    AclAuthorizer
    KAFKA_ALLOW_EVERYONE_IF_NO_ACL_FOUND: "true"
depends_on:
    - zookeeper
```

　　新的 Kafka 实例已经运行，现在需要一个消费者从名为 asset_location 的主题(稍后会创建)中提取更新的位置信息，并在数据库中更新库存。同样，可以要求 Copilot Chat 提供如何使用 Python 订阅该主题的建议。

NC　在 ITAM 项目中，我们希望有一个用于 asset_location Kafka 主题的 Python 消费者。一旦接收到新的更新位置，它就应该更新领域模型以反映新的位置。应该如何做？

　　Copilot Chat 生成的代码(见代码清单 5.14)创建了一个消费者来监听该主题，并使用对 AssetManager 类的引用更新受影响资产的位置。

代码清单 5.14　用于监控资产位置的 Copilot Chat 代码

```python
from kafka import KafkaConsumer
from asset_manager import AssetManager

consumer = KafkaConsumer(
    'asset_location',
```

```
        bootstrap_servers=['localhost:9092'],
        auto_offset_reset='earliest',
        enable_auto_commit=True,
        group_id='my-group',
        value_deserializer=lambda x:
                tuple(map(float, x.decode('utf-8')
                .split(',')))
)

asset_manager = AssetManager()

for message in consumer:
    asset_id, latitude, longitude = message.value
    asset_manager.update_asset_location(asset_id, (latitude,
    longitude))
```

然而，适配器是否应该了解 AssetManager 呢？AssetManager 并不直接位于领域模型中；它是一个关键的中间者。AssetManager 和适配器之间的这种耦合程度可能会违反六边形架构模型中的六边形原则。下面咨询一下 Copilot Chat 的意见。可以这样问它：

NC *鉴于该项目使用六边形架构，让适配器了解资产管理器是否是一个好主意？*

从图 5.2 来看，似乎 Copilot Chat 认同这确实会被视为违反适配器的契约责任。可以在 AssetManager 类中添加新的端口来使用 Kafka 端口。不过，下面询问 Copilot Chat 是否有其他建议。

NC *我们不希望 Kafka 消费者直接与 AssetManager 交互。有什么方法可以实现这一点吗？*

Copilot Chat 建议应用中介者模式，这类似于端口和适配器的组合。

> 🐙 **GitHub Copilot**
>
> In a hexagonal architecture, the adapters are responsible for translating external input and output to and from the domain model. The domain model should not depend on the adapters, but the adapters may depend on the domain model.
>
> In the case of a Kafka adapter that listens for messages on the `asset_location` topic and updates the domain model with the new location, it is reasonable for the adapter to depend on the `AssetManager` class. The adapter would translate the Kafka message into a domain event that the `AssetManager` can handle, and then call the appropriate method on the `AssetManager` to update the domain model.
>
> However, it is important to ensure that the adapter does not tightly couple with the `AssetManager` class. One way to achieve this is to define an interface or protocol in the domain layer that the adapter can depend on, rather than depending directly on the `AssetManager` class. The interface or protocol would define the methods that the adapter can call to update the domain model, and the `AssetManager` class would implement this interface or protocol.
>
> This approach allows the domain model to remain decoupled from the adapters, while still allowing the adapters to interact with the domain model in a controlled and well-defined way.

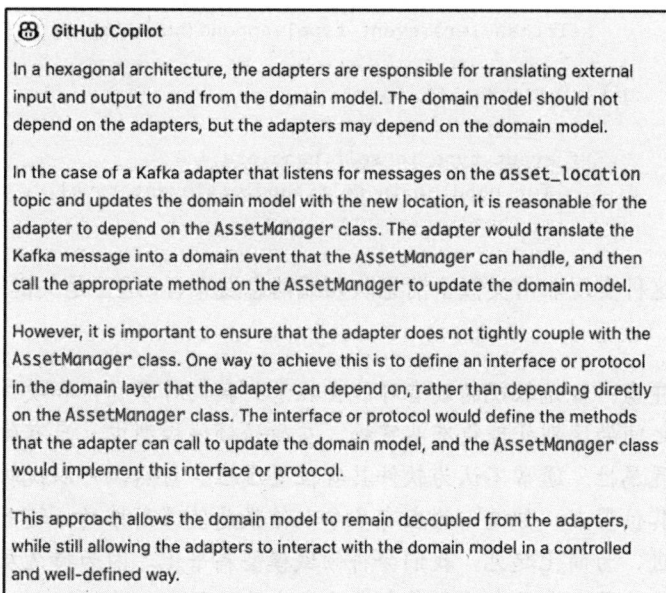

图 5.2　GitHub Copilot Chat 承认方案确实存在不完美之处

中介者模式

中介者设计模式是一种行为模式，通过将对象之间的交互封装在中介者对象中，促进它们之间的松散耦合。中介者对象充当中央枢纽，促进对象之间的通信，而无须对象彼此了解。

先来了解 Copilot Chat 生成的 Mediator 类(见代码清单 5.15)。该类位于 AssetManager 和 Kafka 消费者之间。

代码清单 5.15　AssetManager 和 Kafka 消费者之间的 Mediator 类

```python
class AssetLocationMediator:
    def __init__(self):
        self.handlers = {}

    def register_handler(self, event_type, handler):
        if event_type not in self.handlers:
            self.handlers[event_type] = []
```

```
    self.handlers[event_type].append(handler)

def publish(self, event):
    event_type = type(event)
    if event_type in self.handlers:
        for handler in self.handlers[event_type]:
            handler(event)
```

这种实现非常类似于消息队列或消息发布者，这正是关键所在：解耦。

注意： 目光敏锐的读者可能会注意到我们对于资产和硬件类型资产之间的区别处理得有些宽松。在原始领域模型中，只有硬件才有位置属性。通常不认为软件具有位置属性。当然，可以说软件安装在其位置上，但这一论点有多令人信服是值得商榷的。随着项目的推进，为简化起见，我们会将领域模型扁平化，因为持久层中的多态结构是一个复杂且容易分散注意力的话题。

现在有一个解耦 Kafka 消费者和 AssetManager 的策略，应更新 Kafka 消费者以利用该策略。这需要在类的构造器中传入中介者(见代码清单 5.16)。这样，AssetManager 和消费者便可以访问同一个实例，并且消息可以在两者之间自由流动——或者更确切地说，在本例中，消息流将是单向的。注意，我们打算在这个主题上读取和写入 JSON，因此值反序列化器需要理解这一点。

代码清单 5.16　将中介者纳入 Kafka 消费者类

```
from kafka import KafkaConsumer
from itam.domain.events.asset_location_updated import Asset-
LocationUpdated
import json

class AssetLocationKafkaConsumer:
    def __init__(self, mediator):
        self.mediator = mediator
```

```
    self.consumer = KafkaConsumer(
        'asset_location',
        bootstrap_servers=['localhost:9092'],
        enable_auto_commit=True,
        group_id='itam-group',
        value_deserializer=lambda m: json.loads(m.decode
('utf-8'))
    )

def poll(self):
    print("Polling for asset location updates")
    for message in self.consumer:
        asset_id = message.value['asset_id']
        latitude = message.value['latitude']
        longitude = message.value['longitude']
        timestamp = message.value['timestamp']
        event = AssetLocationUpdated(asset_id, latitude,
longitude, timestamp)
        self.mediator.publish(event)
```

接下来考察 AssetManager 类需要进行的更改，以纳入跟踪这些
位置的功能。

注意：完整运行此项目需要修改 AssetManager、SQLAlchemy-
AssetRepository 和 Asset 类，并在数据库中创建一个名为 itam.asset_
locations 的新表。完整的更新后的源代码可在本书网站(www.manning.
com/books/ai-powered-developer)和本书的 GitHub 仓库(https://github.
com/nathanbcrocker/ai_assisted_dev_public)上获取。目前，我们将聚
焦事件在系统中流动所需的更改，如果读者愿意，可以参考仓库中
的代码。

图 5.3 展示了 AssetManager 类所需进行的更改，以实时跟踪资
产的位置。

AssetManager
-BaseRepository[Asset] _repository
-AssetLocationMediator mediator
+__init__(base_repository: BaseRepository[Asset], mediator: AssetlocationMediator): None
+update_asset_location(event: AssetlocationUpdated): None

图 5.3　AssetManager 需要添加另一个构造器参数和一个处理其位置对象
　　　　更新的方法

AssetManager 类需要进行两项更改。首先，需要在构造器中添加 AssetLocationMediator 并进行注册，来处理 AssetLocationUpdated 事件。其次，需要添加处理此事件的方法(在本例中称之为 update_asset_ location 方法)。代码清单 5.17 是删减后的代码。

代码清单 5.17　AssetManager 更新的构造器和事件处理程序

```
from itam.infrastructure.mediators.asset_location_mediator
import

class AssetManager:
    def __init__(self, base_repository:
            BaseRepository[Asset],
            mediator: AssetLocationMediator):
        self._repository = base_repository
    self.mediator = mediator
        self.mediator.register_handler(
            AssetLocationUpdated,
            self.update_asset_location)

    def update_asset_location(self, event: AssetLocationUpdated)
    -> None:
        asset = self.read(event.asset_id)
        asset.add_location(event.latitude,
            event.longitude, event.timestamp)
        #self.update(asset)
        print(f"Asset {asset.id} location updated
            to {event.latitude}, {event.longitude}
            at {event.timestamp}")
```

　　Asset 类的 add_location 方法只是将新的 Location 添加到 Locations
列表的末尾。更复杂的领域模型可能会包含 current_location 属性,而
将其他位置归类为历史位置列表;然而,鉴于我们希望事件能够顺
利流经系统,因此保持事情简单化是明智的选择。

　　待办事项清单上只剩下最后一件事:创建主题。如何创建呢?
这确实是个好问题。幸运的是,需要的所有工具都在运行的 Docker
容器中。因此,下面登录 Kafka Docker 实例。我们使用以下命令(假
设 Docker 实例名为 kafka):

```
docker exec -it kafka /bin/bash
```

　　首先需要检查是否有已经创建的主题。可以通过以下命令进行
检查。

```
kafka-topics --list --bootstrap-server localhost:9092
```

　　此命令会列出该 Kafka 集群上正运行的所有主题。可以看出,
目前没有任何主题。

　　既然需要主题,那就创建一个主题。使用以下命令:

```
kafka-topics --create --bootstrap-server localhost:9092
    --replication-factor 1
    --partitions 1
    --topic asset_location
```

　　如果再次运行 kafka-topics --list 命令,就可看到新创建的主题。
在创建主题时指定的分区和复制因子指令告知 Kafka 希望有一个分
区且复制因子为 1。如果将其设置为生产或测试以外的任何目的,
可能会希望它们大于这个值,以确保数据的可用性。表 5.1 提供了
本项目和其他项目所需的一些常用 Kafka 命令。

表 5.1　Kafka 控制台命令总结

动作	命令
创建主题	kafka-topics --create --bootstrap-server localhost: 9092 --replication-factor 1 --partitions 1 --topic asset_location
读取消息	kafka-console-consumer --broker-list localhost: 9092 --topic asset_location -from-beginning
写入消息	kafka-console-producer --broker-list localhost: 9092 --topic asset_location
删除主题	kafka-topics --delete --topic asset_location --bootstrap-server localhost:9092
列出主题	kafka-topics --list --bootstrap-server localhost: 9092

现在观察应用程序的实际运行。Kafka 自带一个控制台生产者，允许从标准输入发布消息到 Kafka。为此，请使用以下命令启动控制台生产者。

```
kafka-console-producer --broker-list localhost:9092 --topic
asset_location。
```

现在将进入交互式会话，允许在每一行发布一条消息。代码清单 5.18 发布了几条消息，模拟资产在芝加哥附近移动。

代码清单 5.18　Kafka 控制台生产者的输入示例

```
{"asset_id": 1, "latitude": 41.8781, "longitude": -87.6298,
   "timestamp": "2022-01-01T00:00:00Z"}
{"asset_id": 1, "latitude": 41.9000, "longitude": -87.6244,
   "timestamp": "2022-01-01T00:10:00Z"}
{"asset_id": 1, "latitude": 41.8676, "longitude": -87.6270,
   "timestamp": "2022-01-01T00:20:00Z"}
{"asset_id": 1, "latitude": 41.8788, "longitude": -87.6359,
   "timestamp": "2022-01-01T00:30:00Z"}
{"asset_id": 1, "latitude": 41.8740, "longitude": -87.6298,
"timestamp":"2022-01-01T00:40:00Z"}
```

当输入这些消息时，应该能看到应用程序的输出，指示位置已更新。

> **删除主题**
>
> 　　为完整起见，还有一条命令需要知道。输入这些消息时可能会出错，无效的消息可能会导致消费者出现问题。一个可能的解决方案是删除主题。删除主题听起来可能有点严重，但它可以解决问题。以下是该命令：
>
> ```
> kafka-topics --delete --topic asset_location --bootstrap-
> server localhost:9092
> ```

　　本节增加了使用 Apache Kafka 实现实时跟踪资产位置变化的功能。本章的最后一节将使用 Copilot Chat，通过实时监控资产并尝试确定其位置的正确性来扩展功能。此外，还将探讨如何结合 Spark 和 Kafka 来完成这一分析。一旦完成，就会赢得信息安全部门的感谢，因为他们担心核心业务和知识产权中有太多内容存于这些资产上。

5.3　使用 Apache Spark 进行分析、学习和跟踪

　　实时跟踪资产是一项至关重要的业务功能。IT 资产包含敏感的业务数据、客户名单、销售数字、损益(PnL)预测和销售策略等众多项目。丢失资产可能引发公司的生存危机。因此，对于许多信息安全专业人员来说，谨慎管理和监控是首要任务。本节旨在大幅度简化其工作。现代数据平台使得实时跟踪资产更加轻而易举，并且可以在出现可疑情况时发送通知。

　　Apache Spark 是强大的开源数据处理引擎，围绕速度、易用性和高级分析构建。它旨在提供优于 MapReduce 的改进替代方案，用于处理大数据集，并能进行批处理和实时分析。Spark 提供了 Scala、Java、Python 和 R 的 API 以及用于支持 SQL 查询的内置模块。其核心数据结构——弹性分布式数据集(RDD)——实现了容错操作，并允许数据在计算机集群中并行处理。

　　Spark 还包括多个库以扩展其功能，如用于机器学习的 MLlib、用于处理实时数据流的 Spark Streaming 以及用于处理结构化数据的 Spark SQL 和 DataFrames。有了这些工具，Spark 便非常适合处理各种任务，例如机器学习、实时数据流处理和批处理。通过内存处理能力，Spark 比其前身快得多，因此它是大数据处理的热门选择。

　　首先，要求 Copilot Chat 推荐使用 Apache Spark 跟踪资产的策略。

> **NC**　　假设公司位于芝加哥，希望能创建一个名为 AssetLocation-SparkAdapter 的类，从名为 asset_location 的 Kafka 主题中持续流式读取 AssetLocation 的 JSON 消息。AssetLocation 具有以下属性：asset_id(int)、latitude(float)、longitude(float)和 timestamp(datetime)。这些 AssetLocation 存储在 Postgres 数据库的 itam.asset_locations 表中。AssetLocationSparkAdapter 应计算新的资产位置距离芝加哥是否超过 25 英里。如果是，则应将消息写入控制台。这须使用最新版本的 Spark。我们应该如何实现这一目标？

　　Copilot Chat 会生成一个类，可以将其放入基础设施软件包中名为 asset_location_spark_adapter.py 的文件中。值得称赞的是，它还为每一行添加了注释，因此生成的代码很容易理解。导入语句包括 Spark 库和 geopy(见代码清单 5.19)。

代码清单 5.19　运行 Spark 所需的导入

```
from pyspark.sql import SparkSession
from pyspark.sql.functions import from_json, col, expr
from pyspark.sql.types import StructType,
    StructField, IntegerType, DoubleType,
    TimestampType
from geopy.distance import distance
```

　　该类从一个内容过多的构造器开始，该构造器定义了 Spark 将 JSON 转换为 DataFrame 时使用的模式。

注意：根据定义，AssetLocationSparkAdapter 是一个阻塞进程。因此，FastAPI 应用程序不会"完全"启动，直到 Spark 进程被终止。我们希望这是一个独立的进程，要不然就需要引入异步框架让这两个进程同时运行。

接下来，启动一个本地 Spark 实例/会话，让 Spark 能够连接到 Kafka 主题并持续流式读取记录(见代码清单 5.20)。

代码清单 5.20　处理 Kafka 主题的 AssetLocationSparkAdapter

```python
class AssetLocationSparkAdapter:
    def __init__(self):
        # 定义传入的 JSON 数据的模式
        self.schema = StructType([
            StructField("asset_id", IntegerType()),
            StructField("latitude", DoubleType()),
            StructField("longitude", DoubleType()),
            StructField("timestamp", TimestampType())
        ])

        # 创建一个 SparkSession
        self.spark = SparkSession.builder \
            .appName("AssetLocationSparkAdapter") \
            .getOrCreate()

        # 从 asset_location 主题创建一个流式 DataFrame
        self.df = self.spark \
            .readStream \
            .format("kafka") \
            .option("kafka.bootstrap.servers", "localhost:9092") \
            .option("subscribe", "asset_location") \
            .option("startingOffsets", "earliest") \
            .load() \
            .selectExpr("CAST(value AS STRING)")

        # 解析传入的 JSON 数据
        self.parsed_stream = self.df \
            .select(from_json(col("value"),self.schema).alias
```

```
("data"))\
    .select("data.*")
```

AssetLocationSparkAdapter 类的最后一部分计算资产当前位置到芝加哥的距离。如果差异大于 25 英里，则将结果集发送到控制台。此外，它还提供了启动和停止适配器的方法(见代码清单 5.21)。

代码清单 5.21　计算资产位置到芝加哥的距离

```
# 计算每个资产的当前位置与芝加哥之间的距离
self.distance = self.parsed_stream \
    .withColumn("distance",
    expr("calculate_distance(latitude,
    longitude, 41.8781, -87.6298)")) \
    .select(col("asset_id"), col("timestamp"), col
    ("distance")) \
    .filter(col("distance") > 25)

# 将结果写入控制台
self.query = self.distance \
    .writeStream \
    .outputMode("append") \
    .format("console") \
    .start()

def run(self):
    # 启动流式查询
    self.query.awaitTermination()

def stop(self):
    # 停止流式查询和 SparkSession
    self.query.stop()
    self.spark.stop()
```

calculate_distance 方法接收资产位置的经度和纬度，并使用 geopy.distance 函数确定与芝加哥之间的距离(见代码清单 5.22)。

代码清单 5.22　计算芝加哥和资产之间距离的函数

```
def calculate_distance(lat1, lon1, lat2, lon2):
    return distance((lat1, lon1), (lat2, lon2)).miles
```

本例中，Copilot Chat 生成的代码存在一些问题，导致无法在本地运行。在本地运行时遇到这些问题，并在 Stack Overflow 上搜索后，便能找到解决代码中两个主要问题的方法：缺少用于本地运行的环境变量以及未能注册 UDF(用户定义函数)。幸运的是，不需要进行测试和研究，代码清单 5.23 中提供了解决方案。

代码清单 5.23　本地运行应用程序所需的修改

```
os.environ['PYSPARK_SUBMIT_ARGS'] =
    '--packages org.apache.spark:
        spark-streaming-kafka-0-10_2.12:3.2.0,
        org.apache.spark:
        spark-sql-kafka-0-10_2.12:3.2.0
        pyspark-shell'

class AssetLocationSparkAdapter:
    def __init__(self):
        # 创建一个 SparkSession
        self.spark = SparkSession.builder \
            .appName("AssetLocationSparkAdapter") \
            .getOrCreate()
        self.spark.udf.register("calculate_distance", calculate_
        distance)
```

最后，要运行 Spark 应用程序，可以更新 main.py 的 main 函数，见代码清单 5.24。

代码清单 5.24　main 函数的更新

```
if __name__ == "__main__":
    adapter = AssetLocationSparkAdapter()
    adapter.run()
```

在 Kafka 控制台生产者中输入距离芝加哥市中心超过 25 英里的资产位置时，可以注意到这些条目会写入控制台(见代码清单 5.25)。将类进行更新，输出这些结果到 Twilio 的 SMS API 或类似 SendGrid 的电子邮件服务是非常简单的。

代码清单 5.25　资产位置的流式输出

```
+--------+------------------+------------------+
|asset_id|        timestamp|          distance|
+--------+------------------+------------------+
|       1|2021-12-31 20:30:00| 712.8314662207446|
+--------+------------------+------------------+
```

恭喜！现在可以实时跟踪资产，并在公司资源不翼而飞时发送实时警报。

5.4　本章小结

- GitHub Copilot Chat 是一款创新工具，它结合了 ChatGPT 的全面语言理解和 Copilot 的便捷功能。这是编程辅助领域的一项重要发展，尤其在实时提供详细且与语境相关的建议方面，有助于创造更高效的编程体验。

- 中介者设计模式是一种独特的行为模式，可促进对象之间的高度解耦，从而增强代码的模块性。通过将对象间的交互包含在中介对象中，对象可以间接地进行通信，从而减少了依赖性，提高了代码的可重用性和修改的简便性。

- Apache Kafka 是一个强大、分布式的流处理平台，专为创建实时数据管道和流应用程序而设计。它能够有效地处理来自多源的数据流，并将它们传输给不同的消费者，因此非常适合需要处理大量实时或近实时数据的使用场景。需要注意的是，Kafka 优化适用于仅追加、不可变的数据，而不适用于需要记录更新、删除或复杂查询的场景。

- Apache Spark 是一个高性能、分布式的数据处理引擎，以其速度、易用性和高级分析能力而闻名。它非常适合需要实时数据处理或对海量数据集进行操作的场景。然而，对于简单的任务(如基本分析和简单的聚合)，传统的关系型数据库可能是更合适的选择。
- 生成式 AI 尽管发展迅速，但并非无懈可击。必须仔细审查所有生成的输出，以确保其符合特定需求和质量标准。生成式 AI 不能替代深入的领域知识或编程专业知识，但其通过提供有价值的见解并减少在常规任务上花费的时间，显著提高了生产力。

第III部分

反　馈

　　第III部分强调了测试、质量评估和解释在 AI 增强的软件开发中起到的关键作用。本部分聚焦使用 LLM 构建的软件的可靠性和稳健性。它涵盖与漏洞查找和代码转换相关的过程,强调彻底测试和质量控制的重要性。使用 AI,开发人员可以获得清晰的 AI 生成代码解释,促进开发团队内部更好的理解和协作。本部分强调在软件质量方面保持高标准的必要性,并提供在 AI 驱动环境中实现这一目标的策略。

第 6 章

基于LLM的测试、评估和解释

本章探讨软件工程中的一个关键方面：测试。测试软件有多个重要目的。首先，它有助于识别可能影响软件功能、可用性或性能的错误、问题和缺陷。此外，它能确保软件符合所需的质量标准。进行彻底的测试可以验证软件是否满足规定的要求、按预期运行并产生预期的结果。通过全面的测试，开发人员可以评估软件在不同平台和环境下的可靠性、准确性、效率、安全性和兼容性。在开发过程中，早期检测和解决软件缺陷可以显著节省时间和成本。

一旦制定好测试，便可评估代码的质量。你会接触到一些有助于评估软件质量和复杂性的指标。此外，如果需要澄清代码的目的或进行代码的首次审查，可寻求解释以确保彻底理解。

6.1　3种测试类型

测试在软件工程中起着至关重要的作用；因此，现在将详细探讨各种类型的测试，包括单元测试、集成测试和行为测试。首先，将使用 Copilot Chat 帮助我们创建单元测试。

定义：单元测试聚焦测试单个组件或代码单元，确保它们在隔离状态下正确运行。开发人员通常执行单元测试辅助识别特定软件单元中的错误和问题。

6.1.1　单元测试

本节将创建单元测试来测试软件组件。Python 有多个单元测试框架可供选择。每个框架都有独特的功能，适用于不同的场景。我们将简要介绍每一个框架，然后根据 AI 工具提供的建议选择一个特定的框架。

第一个框架是 unittest。这是 Python 的标准库，用于创建单元测试。它与 Python 绑定在一起，无须单独安装。unittest 提供了一套丰富的断言功能，适合编写各种难度的测试用例，但它的语法可能较为冗长。它适用于编写基本单元测试，尤其在你不想引入其他依赖的情况下。在任何需要确认代码单元独立于系统其他部分的功能的场景下，它也都非常适用。

下面来看 pytest。它是一个流行的第三方库，可用于单元测试，不过因为功能十分强大，其不只局限于单元测试。相比于 unittest， pytest 需要的样板代码更少，并且具有强大的功能，如用于设置和拆卸的固定装置、参数化测试以及运行 unittest 和 nose 测试套件的能力。pytest 适用于简单和复杂的单元测试用例，也适用于功能测试和集成测试。如果你重视简单性和易用性，并且你的项目不限于仅使用 Python 标准库，那么 pytest 是一个极佳的选择。

nose2 是已弃用的 nose 测试框架的继任者。它扩展了 unittest 并让测试更加容易。它以其测试发现功能而闻名，该功能可以自动找到项目中的测试，因此你无须手动列出。nose2 适用于大型项目，其中的测试发现功能可以节省时间。与 pytest 类似，它可以运行 unittest 测试套件，因此如果你正从 unittest 迁移出来但希望保留现有测试，它也是一个不错的选择。

最后是 doctest。这是 Python 标准库中的另一个模块。它不像其他模块那样是一个功能完备的测试框架，但允许在文档字符串中直接编写测试。doctest 最适合用于简单的场景，你在该类场景中可演示函数或模块的使用方法，并确认示例代码按预期工作。要想确保文档与代码保持同步，这是一种好方法。

Copilot Chat 建议使用 unittest，因此下面将使用 unittest。你可以自行尝试对其进行询问，查看是否会得出不同的结论，这取决于你提出问题的方式。

首先创建从 unittest.TestCase 类继承的类来定义测试用例。在编写第一个单元测试时，我们会发现一个相当隐蔽的错误，该错误一直未被察觉；稍后会讨论这个问题。最后测试 DepartmentStatistics-Visitor 类的正确性。

我们从一个提示开始，要求 Copilot Chat 为 DepartmentStatisticsVisitor 创建一个单元测试。响应会提醒我们上下文的重要性。由于开始了新的聊天会话，Copilot Chat 将尝试创建该单元测试，但它缺少类的定义(见代码清单 6.1)。

代码清单 6.1　第一次尝试定义单元测试

```
import unittest
```

```
from department_visitor import DepartmentStatisticsVisitor

class TestDepartmentStatisticsVisitor(unittest.TestCase):
    def test_visit_department(self):
        visitor = DepartmentStatisticsVisitor()
        department = {'name': 'Sales', 'employees':
            [{'name': 'John', 'salary': 50000},
            {'name': 'Jane', 'salary': 60000}]}
        visitor.visit_department(department)
        self.assertEqual(visitor.total_salaries, 110000)
        self.assertEqual(visitor.num_employees, 2)
        self.assertEqual(visitor.avg_salary, 55000)
```

接着将定义输入 Copilot Chat 中，以帮助优化测试用例。我们可以向它提供更多关于访问者的信息。

访问 DepartmentStatisticsVisitor 类以便根据每个部门的资产分配确定总折旧额

有了这些更新的信息，Copilot Chat 可以更好地估计单元测试应如何工作(见代码清单 6.2)。

代码清单 6.2　单元测试提示的结果

```
import unittest
from department_visitor import DepartmentStatisticsVisitor,
Asset

class TestDepartmentStatisticsVisitor(unittest.TestCase):
    def test_visit(self):
    visitor = DepartmentStatisticsVisitor()
    asset1 = Asset(1000, 500, 0.5)
    asset2 = Asset(2000, 1000, 0.3)
    visitor.visit(asset1)
    visitor.visit(asset2)
    self.assertEqual(visitor.get_total_cost(), 3000)
    self.assertEqual(visitor.get_total_depreciation(), 1500)
    self.assertEqual(visitor.get_total_allocation(), 0.8)
```

单元测试接近需求，但 Asset 的定义不正确。可以输入 asset.py 类中的正确定义，Copilot Chat 将继续优化单元测试(见代码清单 6.3)。

代码清单 6.3　第二次尝试定义单元测试(其中包含 Asset 定义)

```python
import unittest
from datetime import date
from typing import List
from dataclasses import dataclass

@dataclass
class Location:
    name: str
    address: str

@dataclass
class Asset:
    id: int
    name: str
    status: str
    category: str
    cost: float
    useful_life: int
    salvage_value: float
    purchase_date: date
    locations: List[Location]

class TestAsset(unittest.TestCase):
    def test_asset(self):
        location1 = Location('Office', '123 Main St')
        location2 = Location('Warehouse', '456 Elm St')
        asset = Asset(1, 'Computer',
            'In use', 'Hardware',
            1000.0, 3, 100.0, date.today(),
            [location1, location2])
        self.assertEqual(asset.id, 1)
        self.assertEqual(asset.name, 'Computer')
        self.assertEqual(asset.status, 'In use')
```

```
        self.assertEqual(asset.category, 'Hardware')
        self.assertEqual(asset.cost, 1000.0)
        self.assertEqual(asset.useful_life, 3)
        self.assertEqual(asset.salvage_value, 100.0)
        self.assertEqual(asset.purchase_date, date.today())
        self.assertEqual(asset.locations, [location1, location2])
```

这样结果便更接近了。我们还需要提醒 Copilot Chat，Asset 类
中有一个名为 FundingDetails 的类。接下来提供 FundingDetails 的定
义，并告知 Copilot Chat 它应是 Asset 的一部分(见代码清单 6.4)。

代码清单 6.4　第三次尝试编写单元测试

```
import unittest
from department_visitor import
    DepartmentStatisticsVisitor, Asset,
    FundingDetails
from datetime import date
from typing import List, Dict
from dataclasses import dataclass

@dataclass
class Location:
    name: str
    address: str

class TestDepartmentStatisticsVisitor(unittest.TestCase):
    def test_visit(self):
        visitor = DepartmentStatisticsVisitor()
        location1 = Location('Office', '123 Main St')
        location2 = Location('Warehouse', '456 Elm St')
        asset1 = Asset(1, 'Computer', 'In use',
            'Hardware', 1000.0, 3,
            100.0, date.today(),
            [location1, location2])
        asset2 = Asset(2, 'Printer', 'In use',
            'Hardware', 500.0, 2, 50.0,
            date.today(), [location1])
```

```
funding_details1 = FundingDetails(
    asset1, 'Straight Line',
    0.33, { 'IT': 0.5, 'HR': 0.5 })
funding_details2 = FundingDetails(
    asset2, 'Double Declining Balance',
    0.25, { 'IT': 0.3, 'HR': 0.7 })
visitor.visit(asset1, funding_details1)
visitor.visit(asset2, funding_details2)
self.assertEqual(visitor.get_total_cost(), 1500.0)
self.assertEqual(visitor.get_total_depreciation(), 550.0)
self.assertEqual(visitor.get_total_allocation(), 0.8)
```

剩下的工作就是手动更新 import 语句。

注意：让这次练习成为一个使用 LLM 的警示，即强迫它们在高度专注的任务中表现良好可能非常具有挑战性，甚至不值得花费精力。在现实世界中，没有人会因为你放弃提示工程并直接编写这个测试而责怪你。然而，通过坚持，你可以构建一个模板库，为相似结构的类创建一系列单元测试。另外注意，如果你指示 Copilot Chat 为代码生成(一个)单元测试，它会为编辑器窗口中的文件生成测试，但它会模拟所有不直接属于被测类的对象/属性。根据你要测试的内容，此功能的实用性值得怀疑。另一个常见的 Python 问题是，从 Copilot Chat 复制的代码经常会出现缩进错误。

当尝试运行此测试时，我们会发现，访问者、资产、资金详情和折旧策略之间存在循环依赖。循环依赖是指两个或多个模块或组件直接或间接地相互依赖。在本例中，如果 Python 尝试对 Asset 进行实例化处理，它会加载 FundingDetails 的定义。可以通过避免直接实例化或引用 FundingDetails 类来解决这个问题(见代码清单 6.5)。

代码清单 6.5　更新后的 Asset，不再直接引用 FundingDetails

```
@dataclass
class Asset():
    id: int
```

```
name: str
status: str
category: str
cost: float
useful_life: int
salvage_value: float
purchase_date: date
locations: List[Location]
funding_details: None or 'itam.domain.funding_details.
FundingDetails'
```

　　需要对 FundingDetails 类作同样的处理。它不应该直接引用
DepreciationStrategy 类(见代码清单 6.6)。

代码清单 6.6　更新的 FundingDetails，不直接引用 DepreciationStrategy

```
@dataclass
class FundingDetails:
    depreciation_rate: float
    department_allocations: Dict[Department, float]
    depreciation_strategy: DepreciationStrategy or 'itam.
domain.depreciation_strategy.DepreciationStrategy'
    asset: None or 'itam.domain.asset.Asset'
```

　　正如所见，能够使用 Copilot Chat 创建单元测试。然而，如果不
使用 Copilot 来编写，我们可能会更轻松地完成这项工作。该工具非
常擅长提供测试代码的时间和方法建议，但其实现(至少目前)还有
待改进。

　　在实际工作中，我们会继续添加单元测试来构建大量的测试用
例。你可能会问，多少测试用例才足够？稍后将探讨这个问题。不
过，先来关注下一种测试类型：集成测试。

　　定义：集成测试涉及测试软件不同组件或模块之间的交互，以
确保它们能够无缝协作。它可验证集成系统是否按预期运行，并检
测模块之间是否存在任何不一致或通信问题。

6.1.2　集成测试

本节将开发集成测试，以便测试端到端系统。幸运的是，FastAPI
自带测试客户端，这有助于创建此测试。

首先将 AssetController 的定义复制到 Copilot Chat 窗口中。然后
可以询问 Copilot Chat 如何为这个控制器创建集成测试。鉴于在定义
中包含了路由，Copilot Chat 应该能够提供准确的集成测试(见代码
清单 6.7)。我们需要指定使用 InMemoryAssetRepository 类，或者在
测试生成后进行修正。

代码清单 6.7　由 Copilot Chat 生成的 AssetController 集成测试

```
from fastapi.testclient import TestClient
from itam.infrastructure.adapters.memory_asset_repository import
MemoryAssetRepository
from itam.infrastructure.ports.asset_rest_port import AssetRestPort
from itam.interfaces.asset_controller import AssetController

def test_get_assets():
    # 创建 InMemoryAssetRepository 的一个实例
    asset_repository = InMemoryAssetRepository()

    # 向仓库添加一些资产
    asset_repository.create(Asset(name="Asset 1", unit_cost=
    1000))
    asset_repository.create(Asset(name="Asset 2", unit_cost=
    2000))

    # 使用 MemoryAssetRepository 创建 AssetRestPort 的实例
    asset_rest_port = AssetRestPort(asset_repository)

    # 使用 AssetRestPort 创建 AssetController 的实例
    asset_controller = AssetController(asset_rest_port)

    # 使用 AssetController 的路由创建一个 TestClient 实例
    client = TestClient(asset_controller.get_router())
```

```
# 向/assets 端点发送 GET 请求
response = client.get("/assets")

# 检查响应状态码是否为 200 OK
assert response.status_code == 200

# 检查响应主体是否包含预期的资产
assert response.json() == [
    {"id": 1, "name": "Asset 1", "unit_cost": 1000},
    {"id": 2, "name": "Asset 2", "unit_cost": 2000},
```

现在将注意力转向最后一种测试类型：行为测试。

定义：行为测试从最终用户的角度出发关注系统整体的行为。它通常用于测试系统的功能，并确保系统符合为其定义的需求和规范。

6.1.3　行为测试

从某种意义上说，所有测试都是行为测试，因为测试验证的是系统的行为。然而，行为测试在某些方面是独特的。下面总结一下迄今为止遇到的不同类型的测试，并与行为测试进行对比。

单元测试聚焦独立测试系统中的各个单元或组件，通常使用自动化测试。单元测试旨在测试单个函数或方法的功能，并确保它们在各种条件下正确运行。

集成测试则聚焦测试不同组件或单元之间的交互。集成测试通常用于测试不同组件或单元之间的接口，并确保它们能协同工作。集成测试可以手动或使用自动化测试进行，通常涉及测试不同组件或单元之间的交互，而不是整个系统。

行为测试聚焦以用户故事或场景来定义软件的行为。这些场景以特定格式编写，称为 given-when-then(GWT)，并用于驱动开发过程。GWT 格式描述了特定场景的前提条件(given)、操作(when)和预期结果(then)。

随着测试的进行，我们可能会发现某些行为或组件难以在测试中设置。此外，隔离某个对象或模块的行为并测试不同对象之间的交互可能也很棘手。为解决这一限制，可以使用模拟对象。

定义：模拟对象是测试替身的一种，它以受控的方式模拟真实对象的行为。模拟对象还可以用于模拟难以用真实对象重现的错误条件或边缘情况。它可以使用 unittest.mock 或 pytest-mock 等模拟库手动创建。这些库提供了创建和配置模拟对象的函数和类。模拟对象可以配置为在调用其方法时返回特定值或引发特定异常。它还可用于记录对其方法的调用，以便你验证是否使用正确参数调用正确方法。

现将模拟对象整合到提示中，为 AssetManager 创建行为测试。

> 有一个名为 AssetManager 的类。AssetManager 的构造器接收两个类：BaseRepository 和 AssetLocationMediator。Base-Repository 是存储 Asset 的仓库。我们希望使用 InMemory-AssetRepository，这是 BaseRepository 的一个子类，在存储器中存有 Asset。对于 AssetLocationMediator，使用模拟对象。AssetManager 通过 create 方法存储 Asset，并通过 get_assets 方法获取所有 Asset。每个资产有 10 个必要的位置参数：'id'、'name'、'status'、'category'、'cost'、'useful_life'、'salvage_value'、'purchase_date'、'locations'和'funding_details'。使用命名参数以明确每个参数的作用。创建一个 BDD 脚本，将两个资产添加到 AssetManager 中，并确认所有资产的成本为 4000.00 美元。这需要用 Python 实现。请逐步进行，告诉我你使用的工具和库。

根据 Copilot Chat 的建议，我们需要创建一个新文件(feature 文件)，命名为 asset_manager.feature。该文件将定义 AssetManager 的属性(以及任何支持类)。例如，feature 文件定义了一个场景，该场景将两个资产添加到 AssetManager 中，确认所有资产的总成本为4,000.00 美元，并模拟了 AssetLocationMediator 类(见代码清单 6.8)。

代码清单 6.8　根据 Copilot Chat 定义的 asset_manager.feature 文件

```
功能：资产管理器
  作为 IT 资产管理员
  我希望能够管理资产
  以便跟踪企业中的所有 IT 资产

  场景：向资产管理器添加两个资产
    假定资产管理器正在运行
    并且 InMemoryAssetRepository 已初始化
    同时 AssetLocationMediator 已模拟
    如果我创建一个成本为$2000.00 的资产
    并创建另一个成本为$2000.00 的资产
    那么所有资产的总成本应为$4000.00
```

　　我们需要在项目根目录下创建一个名为 features 的目录，并将此文件放置在该目录中。此外，还需要添加一个名为 steps 的子目录。接下来，创建一个新 Python 文件 steps.py 并将其放置在 steps 目录中。该 Python 文件定义 feature 文件中场景的步骤实现。导入 AssetManager、InMemoryAssetRepository、AssetLocationMediator 和 Asset 类，并定义 6 个函数来对应场景中的步骤。这些函数使用 context 对象在步骤之间存储和检索数据。使用 unittest.mock 库中的 Mock 类为 AssetLocationMediator 类创建模拟对象。使用命名参数对 Asset 类进行实例化处理以明确每个参数的属性。如果向 Copilot Chat 询问 steps.py 文件的内容，便可看到类似代码清单 6.9 的输出。

代码清单 6.9　steps.py 中定义的行为测试的实现细节

```
from behave import given, when, then
from itam.service.asset_manager import AssetManager
from itam.infrastructure.repository.in_memory_asset_repository
    import InMemoryAssetRepository
from itam.domain.asset import Asset
from itam.infrastructure.mediators.asset_location_mediator
    import AssetLocationMediator
from unittest.mock import Mock
```

```python
@given('the Asset Manager is running')
def step_impl(context):
    context.asset_repository = InMemoryAssetRepository()
    context.asset_location_mediator = Mock(spec=AssetLocationMediator)
    context.asset_manager = AssetManager(
        context.asset_repository,
        context.asset_location_mediator)


@given('the InMemoryAssetRepository is initialized')
def step_impl(context):
    pass


@given('the AssetLocationMediator is mocked')
def step_impl(context):
    pass


@when('I create an asset with a cost of ${cost}')
def step_impl(context, cost):
    asset = Asset(id=1, name='Test Asset 1', status='Available',
        category='Test Category', cost=float(cost), useful_life=5,
        salvage_value=0, purchase_date='2022-01-01',
        locations=['Test Location'],
        funding_details={'Test Funding': 1000})
    context.asset_manager.create(asset)


@when('I create another asset with a cost of ${cost}')
def step_impl(context, cost):
    asset = Asset(id=2, name='Test Asset 2', status='Available',
        category='Test Category', cost=float(cost), useful_life=5,
        salvage_value=0, purchase_date='2022-01-01',
        locations=['Test Location'],
        funding_details={'Test Funding': 1000})
    context.asset_manager.create(asset)


@then('the total cost of all assets need to be ${total_cost}')
def step_impl(context, total_cost):
    assets = context.asset_manager.get_assets()
    assert sum(asset.cost for asset in assets) == float(total_cost)
```

如果还没有安装 behave 库，则需要使用 pip 来安装：pip install behave。此外，将其添加到 requirements.txt 文件中，以确保之后构建可部署版本的应用程序时被包含在内。如代码清单 6.10 所示，通过从项目根目录发出命令来运行行为测试。

代码清单 6.10　运行行为测试并产生输出

```
% behave features
Feature: Asset Manager # features/asset_manager.feature:1
  As an IT Asset Manager
  I want to be able to manage assets
  So that I can keep track of all IT assets in my organization
  Scenario: Add two assets to the Asset Manager
    # features/asset_manager.feature:6
    Given the Asset Manager is running
# features/steps/steps.py:8 0.000s
    And the InMemoryAssetRepository is initialized
# features/steps/steps.py:14 0.000s
    And the AssetLocationMediator is mocked
# features/steps/steps.py:18 0.000s
    When I create an asset with a cost of $2000.00
# features/steps/steps.py:22 0.000s
    And I create another asset with a cost of $2000.00
# features/steps/steps.py:27 0.000s
    Then the total cost of all assets should be $4000.00
# features/steps/steps.py:32 0.000s

1 feature passed, 0 failed, 0 skipped
1 scenario passed, 0 failed, 0 skipped
6 steps passed, 0 failed, 0 skipped, 0 undefined
Took 0m0.001s
```

本节使用 3 种类型的测试——单元测试、集成测试和行为测试——为良好的软件开发奠定了基础。有些人可能会争论说这些测试在项目的生命后期才进行。他们并没有错。现实世界中，我们在开发代码的同时也会开发测试。有些人可能认为我们需要在编写代码之前先构建测试。你可能也这么认为，也可能不，但无论如何，你都需要尽早并经常进行测试。

6.2 节将探讨可用来评估软件整体质量的指标，并请 Copilot 帮助评估迄今为止的代码质量。

6.2　评估质量

了解软件应用的性能、可靠性、可维护性和整体质量是软件工程中的关键。本节深入探讨软件质量指标这一复杂而迷人的领域，即指导我们理解软件系统质量的量化标准和基准。

软件质量指标是重要的工具，有助于相关人员(开发人员、测试人员、管理人员和用户)评估软件产品的状态，识别其优点和改进空间。它们为产品开发、测试、调试、维护和改进计划等各种过程提供了实证基础。通过量化软件的具体特征，这些指标提供具体方法来理解原本抽象的软件质量概念。

本节将探讨几个重要的软件质量指标类别，包括产品指标、过程指标和项目指标；还将分析它们的意义、计算方法以及如何有效利用这些指标来评估和提高软件质量。本节的探讨将涵盖静态指标(应用于静态软件系统)和动态指标(用于评估系统在运行时的行为)。

软件质量指标不仅有助于确保软件系统的技术可靠性，还有助于确保客户满意度、盈利能力和长期业务成功。因此，对于任何从事软件开发的人(无论是工程师、项目经理、高管还是软件用户)来说，理解这些指标都是非常宝贵的。

我们将考察一些常见的复杂性和可维护性度量指标。复杂的软件难以理解，这使得开发人员(尤其是新入职的开发人员)很难掌握软件不同部分之间的交互方式。这会影响适应速度和开发时间。

复杂的代码往往需要更多的维护：修改或修复错误可能需要更长时间，因为难以预测更改系统某一部分所造成的影响。这可能导致软件生命周期内的成本增加。

复杂的软件也更容易出现错误。由于其难以理解，开发人员在进行更改时更容易引入错误。此外，复杂的代码可能存在许多依赖关系，一个区域的更改可能会在其他地方产生意外影响。

软件越复杂，所需的测试用例就越多，以便保证测试彻底。由于涉及复杂逻辑，因此编写这些测试用例也可能更加困难。

编写简单且易于维护的代码应是首要任务之一。观察伴随代码更改的指标应有助于实现这一目标。为此，可以(应该)首要使用的指标是圈复杂度。

定义：圈复杂度是一种衡量软件模块中独立路径数量的指标。它可用于测量代码中决策的复杂性，包括循环、条件和分支。较高的圈复杂度值表示复杂性增加，并暗示可能存在更多的错误以及理解和维护代码的挑战。

在文件 department_visitor.py 的任意位置输入以下提示，Copilot 会立即输出答案。

```
# 问题：DepartmentStatisticsVisitor 类的圈复杂度是多少？
# 答案：1
```

Copilot 告诉我们，这个类的复杂度是 1。你可能知道这个值的含义，也可能不太清楚。如果是后者，则可以让 Copilot 进一步解释。

```
# 问题：1 是一个好的圈复杂度吗？
# 答案：是的

# 问题：为什么 1 是一个好的圈复杂度？
# 答案：因为它较低
```

Copilot 告诉我们圈复杂度低是好的。直观上，这很有道理。复杂度低的代码意味着它更简单易懂，因此也更容易推理和维护。接下来将探讨 Halstead 复杂度度量。

定义：Halstead 复杂度度量基于代码中使用的唯一操作符和操

作数的数量来评估软件程序的复杂度。它包括程序长度(N1)、程序词汇表(n1)、体积(V)、难度(D)、工作量(E)等指标。这些指标提供了关于代码规模和认知复杂度的见解。

与上文类似，我们将从一个提示开始，要求 Copilot 确定访问者类的 Halstead 复杂度。

```
# 问题：DepartmentStatisticsVisitor 类的 Halstead 复杂度是多少？
# 答案：2

# 问题：DepartmentStatisticsVisitor 类的 Halstead 难度是多少？
# 答案：1

# 问题：2 是很好的 Halstead 复杂度吗？
# 答案：是的

# 问题：1 是很好的 Halstead 难度吗？
# 答案：是的。

# 问题：什么是不好的 Halstead 复杂度？
# 答案：10。

# 问题：什么是不好的 Halstead 复杂度？
# 答案：10

# 问题：高 Halstead 难度意味着什么？
# 答案：这意味着代码难以理解。
```

你可能想要继续这个问答环节，以便了解从 Copilot 中可以获取哪些信息。如果是这样，那么可探讨最后一个指标：可维护性指数。

定义：可维护性指数是一个复合指标，结合了多个因素，包括圈复杂度、代码行数和 Halstead 复杂度，以便提供整体的软件可维护性指标。较高的可维护性指数表明维护更容易，潜在复杂度较低。

可以在访问者文件中进行类似以下有关可维护性指数的提问。

```
# 问题：DepartmentStatisticsVisitor 类的可维护性指数是多少？
# 答案：100

# 问题：高可维护性指数还是低可维护性指数好？
# 答案：高

# 问题：为什么高的可维护性指数好？
# 答案：因为它更容易维护。
```

如果我们得到一个低的可维护性指数，那么可以重构代码以降低这个数字。

一个指标标准之所以有用，是因为它为我们提供了一个可以依赖的依据；也就是说，可以根据这个指标采取行动来改进它。指标标准使得我们超越纯粹的美学或个人的主观性。指标标准是真实且可操作的数据。但 Copilot 还有另一个绝招。它不仅能编写和评估代码，还能解决代码中的缺陷。

6.3　寻找错误

本节将使用一个相对简单的例子来演示如何使用 Copilot 寻找并修复代码中的问题。这段代码需要遍历一个整数列表并计算总和（见代码清单 6.11）。然而，这里有一个很容易忽视的错误：总和被赋值为 i 而不是将 i 的值加到累计总和上。

代码清单 6.11　遍历整数列表并计算总和

```
l = [1, 2, 3, 4, 5]

if __name__ == '__main__':
    sum = 0
    for i in l:
        sum = i

    print("sum is", sum)
```

解决这个问题须引入一个新工具：Copilot Labs。在 Copilot Chat 之前，Copilot Labs 是在 IDE(特别是 Visual Studio Code)中使用某些功能的唯一途径，例如使用 Copilot Labs 寻找和修复错误。Copilot Labs 目前的主要优势在于它能够访问编辑器窗格中的高亮内容。此功能使得 Copilot Labs 可以直接在 IDE 中的可编辑代码上操作。

一旦将扩展程序安装到 IDE 中，应该就会在 IDE 的左侧看到一个 Copilot Labs 工具包，如图 6.1 所示。如果需要关于将扩展程序安装到 IDE 中的提示，请参阅附录 A~C 获取说明。

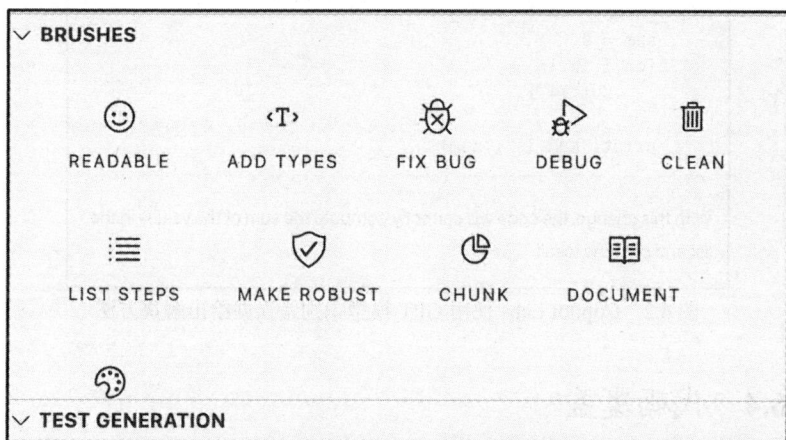

图 6.1　Copilot Labs 工具包菜单，其中包括寻找和修复错误的选项。该工具包还提供了增强代码和文档记录的功能

暂时将 main.py 文件的内容更改为代码清单 6.11 中列出的代码。完成此更改后，突出显示代码并单击 Copilot Labs 工具包中的 FIX BUG 按钮。可以看到类似于图 6.2 的输出。Copilot Labs 能够确定此代码中的问题，并提供修复建议。

也可以将此代码复制到 ChatGPT 中并要求它寻找错误。然而，这样做可能不太方便，因为你需要事先知道代码中有错误才能让 ChatGPT 进行修复。

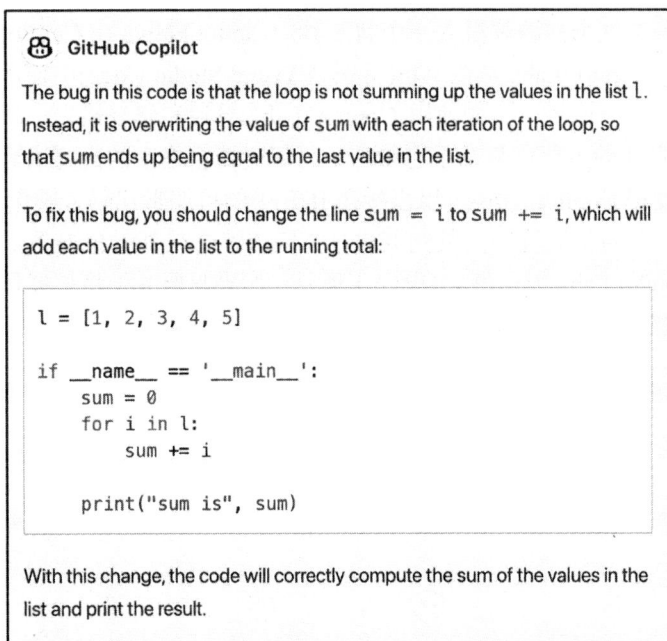

```
GitHub Copilot

The bug in this code is that the loop is not summing up the values in the list l.
Instead, it is overwriting the value of sum with each iteration of the loop, so
that sum ends up being equal to the last value in the list.

To fix this bug, you should change the line sum = i to sum += i, which will
add each value in the list to the running total:

l = [1, 2, 3, 4, 5]

if __name__ == '__main__':
    sum = 0
    for i in l:
        sum += i

    print("sum is", sum)

With this change, the code will correctly compute the sum of the values in the
list and print the result.
```

图 6.2　Copilot Labs 使用 GPT 模型识别错误并给出解决方法

6.4　代码覆盖

代码覆盖是衡量测试执行代码数量的指标。它通常以百分比表示，反映测试执行的代码比例。

代码覆盖可以用作评估测试有效性的指标。如果代码覆盖率低，可能意味着部分代码未被测试，这可能导致部分错误未发现以及其他问题。相反，高代码覆盖率可以确保代码经过充分测试。这并不能保证代码完全没有错误，但应该可以让你对捕获测试中的潜在错误充满信心。

为确定 Python 项目中的代码覆盖率，我们将使用 coverage 库提供的代码覆盖工具。coverage 库通过为代码添加检测点，在运行时收集覆盖率数据。它可以收集任何 Python 代码的覆盖率数据，包括测试、脚本和模块。使用像 coverage 这样的代码覆盖率工具有助于更好地了解测试执行代码数量，并识别出可能需要更多测试的代码区域。

下面先使用 pip 安装 coverage：pip install coverage。接下来用 coverage 运行测试：coverage run -m pytest。这可运行测试并收集覆盖率数据。

现在将生成覆盖率报告(见图 6.3)。覆盖率报告显示项目中每个文件的代码覆盖率。可以使用 coverage report 命令生成基于文本的覆盖率报告，或者使用 coverage html 命令生成 HTML 版本的报告。HTML 版本的报告位于 htmlcov 目录中。

Module	statements	missing	excluded	coverage
Coverage report: 70%				
coverage.py v7.2.7, created at 2023-06-07 21:02 -0400				
itam/__init__.py	4	0	0	100%
itam/domain/__init__.py	12	0	0	100%
itam/domain/address.py	16	8	0	50%
itam/domain/asset.py	54	14	0	74%
itam/domain/budget.py	17	6	0	65%
itam/domain/department.py	7	0	0	100%
itam/domain/depreciation_strategy.py	25	2	0	92%
itam/domain/events/asset_location_updated.py	7	4	0	43%
itam/domain/funding_details.py	18	2	0	89%
itam/domain/hardware.py	34	9	0	74%
itam/domain/location.py	11	0	0	100%
itam/domain/maintenance_schedule.py	20	10	0	50%
itam/domain/organization.py	8	2	0	75%
itam/domain/role.py	10	4	0	60%
itam/domain/software.py	30	14	0	53%
itam/domain/usage_statistics.py	52	27	0	48%
itam/domain/user.py	22	11	0	50%
itam/domain/warranty.py	20	10	0	50%
itam/infrastructure/__init__.py	7	0	0	100%

图 6.3　代码覆盖率报告展示 ITAM 系统项目中每个文件的覆盖率

70%的代码覆盖率是一个不错的开始。在实际工作中，我们会继续与团队和生成式 AI 伙伴合作，将这一指标提升到 90%以上。我们现在将转向一个新的话题：使用生成式 AI 来描述代码清单。

6.5　代码转译——从代码到描述

通常，我们会收到现有的源代码。确定这段代码的确切入口点、代码目的以及"棕地项目"的整体结构可能会很具挑战性。幸运的是，这是生成式 AI 真正擅长的领域之一：将代码转换为文本描述。

首先，将上一节中有缺陷的代码复制到 Copilot Chat 对话框中，并以下列提示开头(见图 6.4)。

NC　这段代码的作用是什么？

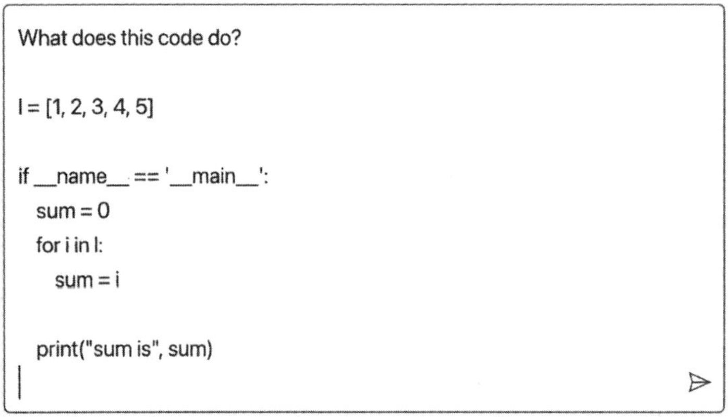

```
What does this code do?

l = [1, 2, 3, 4, 5]

if __name__ == '__main__':
  sum = 0
  for i in l:
    sum = i

  print("sum is", sum)
```

图 6.4　复制上一节中有缺陷的代码并附上提示要求 Copilot Chat 解释这段代码

图 6.5 中的解释引人注目的地方在于，Copilot Chat 检测到代码中的一个错误，并提供修复建议。

接下来，向它提出更具挑战性的问题：在 Copilot Chat 窗口中解释代码清单 6.9 中的行为测试，并询问它这个类的功能。你可能会收到类似代码清单 6.12 的响应。

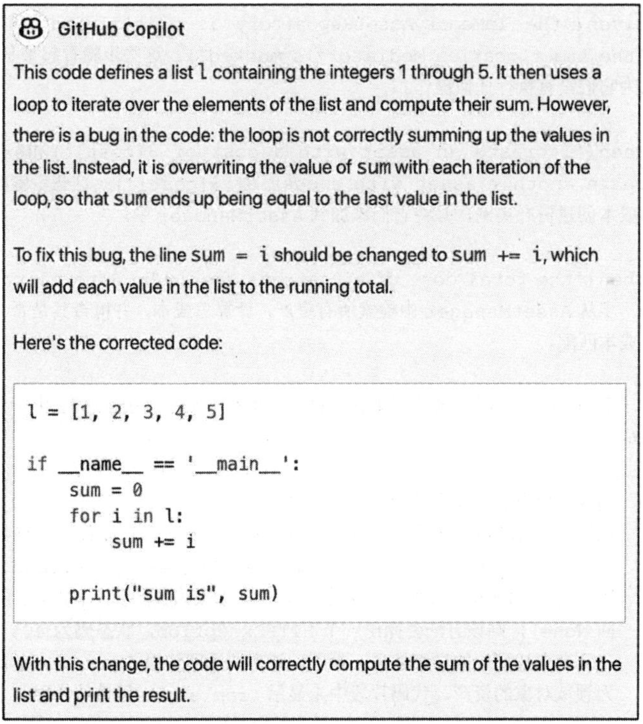

> **GitHub Copilot**
>
> This code defines a list l containing the integers 1 through 5. It then uses a loop to iterate over the elements of the list and compute their sum. However, there is a bug in the code: the loop is not correctly summing up the values in the list. Instead, it is overwriting the value of sum with each iteration of the loop, so that sum ends up being equal to the last value in the list.
>
> To fix this bug, the line sum = i should be changed to sum += i, which will add each value in the list to the running total.
>
> Here's the corrected code:

```
l = [1, 2, 3, 4, 5]

if __name__ == '__main__':
    sum = 0
    for i in l:
        sum += i

    print("sum is", sum)
```

> With this change, the code will correctly compute the sum of the values in the list and print the result.

图 6.5　Copilot Chat 解释代码目的、识别错误并建议修复方法

代码清单 6.12　Copilot Chat 解释之前编写的行为测试

你提供的代码不是一个类，而是一系列步骤定义，通过使用 Python 中的 Behave 框架进行行为驱动开发(BDD)测试。这些步骤对应用 Gherkin 语言编写的特定场景(GWT 格式)。

这些步骤定义描述如何与 AssetManager 类和 InMemoryAssetRepository 类进行交互。它们旨在测试资产的创建以及所有资产总成本的计算。

下面来逐一分析每个步骤:

@given('the Asset Manager is running'): 这一步设置了测试的初始状态。它初始化了一个带有 InMemoryAssetRepository(在测试执行期间可能将资产存储在内存中)和模拟的 AssetLocationMediator 的 AssetManager。

@given('the InMemoryAssetRepository is initialized') 和 @given ('the AssetLocation Mediator is mocked')：这些步骤看起来是占位符，因为它们没有执行任何操作。

@when('I create an asset with a cost of ${cost}') 和 @when('I create another asset with a cost of ${cost}')：这些步骤根据给定的成本创建资产实例，并将它们添加到 AssetManager 中。

@then('the total cost of all assets should be ${total_cost}')：这一步从 AssetManager 中检索所有资产，计算总成本，并检查其是否与预期的总成本匹配。

这一系列步骤允许用户测试创建资产的过程并验证 AssetManager 中所有资产的总成本。

> 问题：此方法的作用是什么？
> #答案：此代码定义了一个异步方法 get_asset，它接收一个整数类型的 asset_id 作为输入。该方法首先调用_asset_rest_port.read 方法，使用 asset_id 从 REST API 中检索资产。如果未找到资产(即 REST API 返回 None)，则该方法会抛出一个 HTTPException，状态码为 404，并带有"资产未找到"的详细信息。否则，该方法返回使用 from_asset 函数转换为领域对象的资产。代码片段中未显示 from_asset 函数的实现。

```
async def get_asset(self, asset_id: int):
    asset = self._asset_rest_port.read(asset_id)
    if asset is None:
        raise HTTPException(status_code=404, detail="Asset
            not found")
    return from_asset(asset)
```

6.6 从一种语言翻译到另一种语言

尽管这看起来可能有些遥远，不过你可能会发现自己在浏览的代码库是用不太了解的编程语言编写的。你也可能会渴望将另一种语言中的某个特定功能引入当前使用的语言中。例如，如果把 Asset 和 FundingDetails 类重写为 JavaScript，它们会是什么样子？我们可以询问 Copilot Chat，结果如代码清单 6.13 所示。

代码清单 6.13　Asset 和 FundingDetails 转换为 JavaScript

```javascript
class Asset {
  constructor(id, name, status, category, cost,
      useful_life, salvage_value,
      purchase_date, locations,
      funding_details) {
    this.id = id;
    this.name = name;
    this.status = status;
    this.category = category;
    this.cost = cost;
    this.useful_life = useful_life;
    this.salvage_value = salvage_value;
    this.purchase_date = purchase_date;
    this.locations = locations;
    this.funding_details = funding_details;
  }
}

class FundingDetails {
  constructor(asset, funding_source, funding_amount) {
    this.asset = asset;
    this.funding_source = funding_source;
    this.funding_amount = funding_amount;
  }
}
```

你可能认为翻译一两个类太简单了。那么我们现在来尝试更复杂的东西。

NC　　如果用 JavaScript 编写，AssetManager 行为测试会是什么样子？

结果如代码清单 6.14 所示。

代码清单 6.14　用 JavaScript 翻译的 AssetManager 行为测试

```javascript
const AssetManager = require('./asset_manager');
const Asset = require('./asset');

describe('AssetManager', () => {
  let assetManager;

  beforeEach(() => {
    assetManager = new AssetManager();
  });

  describe('addAsset', () => {
    it('should add an asset to the asset list', () => {
      const asset = new Asset(1, 'Computer', 'Active',
          'Hardware', 1000.0, 5, 100.0,
          new Date(), [], null);
      assetManager.addAsset(asset);
      expect(assetManager.assets.length).toBe(1);
      expect(assetManager.assets[0]).toBe(asset);
    });
  });

  describe('removeAsset', () => {
    it('should remove an asset from the asset list', () => {
      const asset = new Asset(1, 'Computer', 'Active',
          'Hardware', 1000.0, 5, 100.0,
          new Date(), [], null);
      assetManager.addAsset(asset);
      assetManager.removeAsset(asset);
      expect(assetManager.assets.length).toBe(0);
    });
  });
  describe('getAssetById', () => {
    it('should return the asset with the given ID', () => {
      const asset1 = new Asset(1, 'Computer', 'Active',
          'Hardware', 1000.0, 5, 100.0,
```

```
      new Date(), [], null);
  const asset2 = new Asset(2, 'Printer', 'Active',
      'Hardware', 500.0, 3, 50.0,
      new Date(), [], null);
  assetManager.addAsset(asset1);
  assetManager.addAsset(asset2);
  const result = assetManager.getAssetById(2);
  expect(result).toBe(asset2);
});

it('should return null if no asset with the given ID is found',
() => {
  const result = assetManager.getAssetById(1);
  expect(result).toBeNull();
  });
 });
});
```

此外，如果你希望让 GPT 用惯用的 JavaScript 重写代码，那么只需要给出下列提示：

NC　用惯用的 JavaScript 编写 AssetManager。

Copilot Chat 会告知你它将使用 ES6 中引入的类语法来定义 AssetManager 类，结果如代码清单 6.15 所示。

代码清单 6.15　用惯用的 JavaScript 重写的 AssetManager 类

```
class AssetManager {
  constructor() {
    this.assets = [];
  }

  addAsset(asset) {
    this.assets.push(asset);
  }

  removeAsset(asset) {
```

```
  const index = this.assets.indexOf(asset);
  if (index !== -1) {
    this.assets.splice(index, 1);
  }
}


getAssetById(id) {
  return this.assets.find(asset => asset.id === id) || null;
}
}
```

代码清单 6.16 是使用 Jest 测试框架编写的 AssetManager 行为测试在 JavaScript 中可能的样子(Copilot Chat 在我们未建议的情况下包含了这个内容)。

代码清单 6.16　惯用 JavaScript 形式的 AssetManager 行为测试

```
const AssetManager = require('./asset_manager');
const Asset = require('./asset');
describe('AssetManager', () => {
  let assetManager;
  beforeEach(() => {
    assetManager = new AssetManager();
  });
  describe('addAsset', () => {
    it('should add an asset to the asset list', () => {
      const asset = new Asset(1, 'Computer', 'Active',
          'Hardware', 1000.0, 5, 100.0,
          new Date(), [], null);
      assetManager.addAsset(asset);
      expect(assetManager.assets.length).toBe(1);
      expect(assetManager.assets[0]).toBe(asset);
    });
  });
  describe('removeAsset', () => {
    it('should remove an asset from the asset list', () => {
      const asset = new Asset(1, 'Computer', 'Active',
          'Hardware', 1000.0, 5, 100.0,
          new Date(), [], null);
```

```
      assetManager.addAsset(asset);
      assetManager.removeAsset(asset);
      expect(assetManager.assets.length).toBe(0);
    });
  });
  describe('getAssetById', () => {
    it('should return the asset with the given ID', () => {
      const asset1 = new Asset(1, 'Computer', 'Active',
          'Hardware', 1000.0, 5, 100.0,
          new Date(), [], null);
      const asset2 = new Asset(2, 'Printer', 'Active',
          'Hardware', 500.0, 3, 50.0,
          new Date(), [], null);
      assetManager.addAsset(asset1);
      assetManager.addAsset(asset2);
      const result = assetManager.getAssetById(2);
      expect(result).toBe(asset2);
    });
    it('should return null if no asset with the given ID is found',
    () => {
      const result = assetManager.getAssetById(1);
      expect(result).toBeNull();
    });
  });
});
```

　　在这个例子中，我们使用 Jest 测试框架为 AssetManager 类定义一组行为测试。我们使用 describe 库来确定测试套件和单个测试。

　　在每个测试中，创建一个 AssetManager 类的实例，并对其执行某些操作，例如添加或移除资产。然后使用 expect 函数对 AssetManager 类的行为进行断言，例如检查资产是否已添加到资产列表中，或者资产是否已从资产列表中移除。注意，定义类和构造器的语法在 JavaScript 中与 Python 稍有不同，我们使用 require 函数从各自的模块导入 AssetManager 和 Asset 类。

　　最后，是时候迎来重头戏了：我们将启动一个新的 ChatGPT 4.0 会话，并粘贴第 3 章的 Mermaid 图。用以下提示开头：

NC 这是我的应用程序的 Mermaid 图。请用 Golang 实现。

代码清单 6.17 为用 Golang 呈现的代码。

代码清单 6.17 用惯用 Golang 重写的 Asset 类

```go
type Asset struct {
    id              int
    name            string
    status          string
    category        string
    fundingDetails *FundingDetails
}

func NewAsset(name, status, category string,
    fundingDetails *FundingDetails) *Asset {
    return &Asset{
        name:       name,
        status:     status,
        category:   category,
        fundingDetails: fundingDetails,
    }
}
```

接下来，告诉它切换到 Java(见代码清单 6.18)。

代码清单 6.18 用惯用 Java 重写的 Asset 类

```java
class Asset {
    private int id;
    private String name;
    private String status;
    private String category;
    private FundingDetails fundingDetails;

    public Asset(String name, String status, String category,
FundingDetails
        fundingDetails) {
        this.name = name;
```

```
    this.status = status;
    this.category = category;
    this.fundingDetails = fundingDetails;
}
```

6.7 本章小结

- 单元测试聚焦测试单个组件或代码单元,以识别特定单元中的错误和问题。单元测试是代码库中最常见的测试类型。
- 集成测试适用于测试不同组件或模块之间的交互,以确保无缝集成并检测通信问题。
- 行为测试从最终用户的角度测试系统的功能,确保其符合需求和规范。
- 模拟对象以受控方式模拟自然对象的行为,对测试和模拟错误条件非常有用。模拟对象特别擅长模仿测试运行所需的不在测试范围内的系统部分:例如,如果你的类有一个用于数据库的构造器参数,但你不希望直接测试数据库,因为数据可能会更改,这会导致测试结果无法确定、不可重复或具有非确定性。
- 圈复杂度度量软件模块中独立路径的数量,表明复杂性和潜在错误。
- Halstead复杂度度量基于唯一操作符和操作数的数量评估软件复杂性,提供关于代码大小和认知复杂性的见解。
- 可维护性指数结合了圈复杂度、代码行数和 Halstead 度量等因素来评估软件的可维护性。
- 代码覆盖是用于评估测试效果的指标,表示代码被测试的程度以及未捕获错误的可能性。一般来说,其越高越好。
- LLM 有助于你在不熟悉的编程语言中导航代码,或将另一种语言的特性翻译成当前或首选的语言。

第IV部分

走向世界

第IV部分探讨在现实环境中部署和管理 AI 集成软件的实际方面。本部分涵盖多种编程基础设施和部署策略，如构建 Docker 镜像以及使用 GitHub Actions 等工具设置 CI/CD 管道。它强调安全应用程序开发，讨论威胁建模以及安全最佳实践的实现。此外，该部分还探讨通过托管自己的 LLM 并利用 GPT-4All 等平台来实现 AI 访问民主化的概念。通过提供有关部署和安全性的实用指导，本部分可帮助开发人员成功地将其 AI 驱动的应用程序推向市场。

第 7 章

编写基础设施代码和
管理部署

本章内容：
- 在 Copilot 辅助下创建 Dockerfile
- 使用 LLM 起草基础架构代码
- 使用容器注册表管理 Docker 镜像
- 利用 Kubernetes 的强大功能
- 使用 GitHub Actions 轻松发布代码

　　没有什么比看到应用程序闲置更令人沮丧的了。因此，把经过充分测试的应用程序快速推向生产环境是每个合格开发人员的既定目标。第 6 章已经完成了产品的测试，现在可以准备好发布了。

　　本章重点关注从开发过渡到产品发布的这一关键时刻。在这个关键阶段，理解部署策略和最佳实践对确保产品的成功发布至关重要。

随着应用程序成功开发并通过测试，现在是时候将注意力转向产品发布。为此，我们将利用 LLM 的强大功能来探索各种针对云基础设施定制的部署选项。

利用 LLM 并采用其部署选项和方法有助于我们自信地应对推出产品时的复杂局面，同时利用云计算的优势为客户提供稳健且可扩展的解决方案。

首先，我们将为 Docker 开发部署文件。先来探讨如何创建 Docker 镜像并定义部署文件。此外，还将讨论容器化应用程序的最佳实践以及实现无缝部署的方法。

接着使用 Terraform 将基础设施定义为代码，并在 AWS 上自动化部署弹性计算云(EC2)实例。再接着演示如何编写 Terraform 脚本以便在 EC2 实例中配置和部署应用程序，确保基础设施设置一致且可重复。

然后，利用 LLM 将应用程序部署到 Kubernetes(AWS Elastic Kubernetes Service[EKS]/Elastic Container Service [ECS])。让 GitHub Copilot 创建合适的 Kubernetes 部署文件，以简化部署过程并高效管理应用程序的生命周期。鉴于应用程序相对简单，故不需要像 Helm 这样的 Kubernetes 包管理器。然而，随着服务变得愈发复杂且依赖性增强，你可能需要考虑视其为一种选择。幸运的是，Copilot 也可以编写 Helm 图表。

最后，简要展示从本地部署迁移到使用 GitHub Actions 的自动化部署。集成 LLM 与这种广泛使用的 CI/CD 工具可以自动化构建和部署过程，确保更快、更高效的部署。

注意: 本章使用 AWS 作为云服务提供商，但本章所涵盖的原则和实践也适用于其他云平台，甚至可用于没有虚拟化的本地基础设施(裸金属)，让我们能够根据业务需求的变化调整和扩展产品部署策略。可以发现，使用 LLM 和基础架构即代码，有助于(部分)缓解云平台常见的供应商锁定问题。

注意，如果选择将此应用(或任何应用)部署到 AWS，你的活动将产生费用。AWS 和大多数云服务提供商提供免费试用，帮助你学习其平台(例如 Google Cloud Platform 和 Azure)，但一旦免费额度用完，你可能会收到意外的高额账单。如果决定跟随本章进行操作，你需要设置在可承受范围内的阈值警报。Andreas Wittig 和 Michael Wittig 所著的 *Amazon Web Services in Action, Third Edition*(Manning, 2023；www.manning.com/books/amazon-web-services-in-action-third-edition)的 1.9 节是设置此类账单通知警报的极佳资源。

7.1　构建 Docker 镜像并"部署"到本地

你可能还记得，据第 6 章所述，Docker 是一个容器化平台，从传统意义上说，它允许在几乎不需要进行应用程序(除了 Docker 本身)安装的情况下运行应用程序。与模拟整个操作系统的虚拟机不同，容器共享主机系统的内核(操作系统的核心部分)，并利用主机操作系统的功能，同时将应用程序进程和文件系统与主机隔离。这使得你可以在单个主机系统上运行多个隔离的应用程序，每个应用程序都有自己独立的环境和资源限制。图 7.1 展示了 Docker 运行时与主机之间的关系。

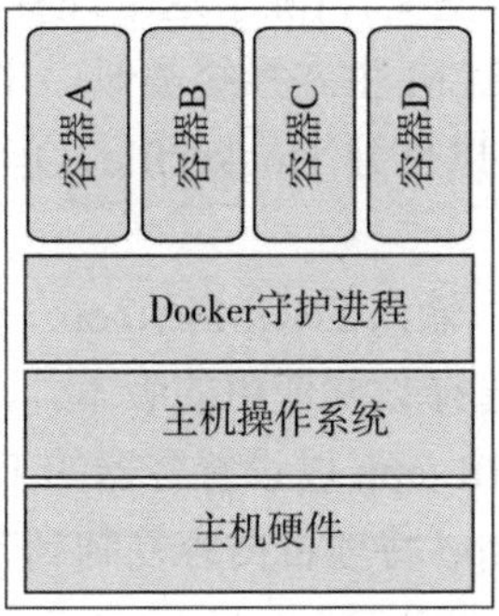

图 7.1　Docker 利用主机的操作系统，同时隔离每个容器。这使得 Docker 容器相比虚拟机更加轻量级，因为它们不需要完整的操作系统来运行

从生产准备的角度看，其中一个更令人兴奋的功能是，Docker
有助于运行在某种程度上能够自我修复的应用程序。如果应用程序
在运行时失败或崩溃，可以配置自动重启而无须人工干预。本节将
使用 Copilot 创建一个文件(称为 Dockerfile)，从中构建 Docker 镜像。

定义：Docker 镜像是 Docker 容器的蓝图。它们是可移植的，包
含应用程序运行需要的所有依赖项(库、环境变量、代码等)。

运行中的 Docker 实例被称为 Docker 容器。由于轻量级特性，
它可以在单个主机上运行多个容器而不会出现问题。这是因为容器
化技术共享操作系统内核，在隔离的用户空间中运行。

注意：最初作者打算使用 AWS CodeWhisperer 作为本章的 LLM。
考虑到目标是云平台，这看起来是合理的。然而，在撰写本文时，
AWS CodeWhisperer 仅支持编程语言，而不具备基础设施即代码的
功能。

现在从以下提示开始，让 Copilot 草拟 Dockerfile。

```
# 为 Python 应用创建一个 Dockerfile。主程序是 main.py。使用 Python
3.10 并通过此目录中的 requirements.txt 文件安装依赖项。应用程序应在端
口 8080 上运行。
```

你可能会得到一个空文件(除了这个注释)。对基础设施即代码
的支持正不断发展(与 LLM 生态系统类似)。根据 Copilot Chat 的说
法，GitHub Copilot 可以创建 Dockerfile，但需要按照以下步骤引
导它。

(1) 在 Dockerfile 中输入 FROM python:，然后等待 Copilot 建议
使用的 Python 版本。选择你要使用的版本。

(2) 输入 WORKDIR /app 以设置容器的工作目录。

(3) 输入 COPY . /app 将项目内容复制到容器中。

(4) 输入 RUN pip install --trusted-host pypi.python.org -r requirements.
txt 以安装项目的依赖项。

(5) 输入 EXPOSE 8080 以暴露容器的 8080 端口。

(6) 输入 CMD ["python", "main.py"]以指定容器启动时要运行的命令。

或者，你也可能想要将之前写入 Dockerfile 的相同提示复制粘贴到 Copilot Chat 提示窗口中。Copilot Chat 会提供所需的 Dockerfile 内容。

结果如代码清单 7.1 所示。

代码清单 7.1　用于构建 Docker 镜像的 Dockerfile

```
FROM python:3.10-slim-buster
WORKDIR /app
COPY . /app
RUN pip install --trusted-host pypi.python.org -r
requirements.txt
EXPOSE 8080
CMD ["python", "main.py"]
```

有了 Dockerfile，就能构建一个用于部署和运行应用程序的镜像。可以输入以下命令来构建应用程序(从 Dockerfile 所在的目录运行，不要忘记末尾的点)。注意，需要上网才能下载依赖项并创建镜像。

```
docker build -t itam:latest .
```

构建 Docker 镜像可能需要几秒钟到几分钟不等，具体取决于系统上已安装的镜像和软件包以及互联网连接速度。请耐心等待，因为你很快将拥有一个应用程序，可以安装在几乎任何地方，如最基础的商品硬件和偏好的云提供商所提供的最大型硬件。不过，在将其部署到任何地方之前，你需要先尝试本地运行。如果你忘记了命令，Copilot Chat 会欣然提供帮助。

```
docker run -p 8000:8000 -d --name itam itam:latest
```

可以在命令行中输入 docker ps | grep itam 命令来确认 Docker 容

器是否正在运行。你应该能看到正在运行的实例。

7.2   使用 GitHub Copilot 协助 Terraform 构建基础设施

在创建和测试应用程序时，在计算机上使用 Docker 镜像是很有用的。但当要发布应用程序时，你需要一台比本地计算机更强大的机器。本节将使用 GitHub Copilot 帮助我们设置和控制 AWS 基础设施，让 Copilot 为一种称为 Terraform 的基础设施即代码工具编写所需的部署描述符。Terraform 是由 HashiCorp 开发的，允许使用领域特定语言(DSL)来描述基础设施预期的样子。使用这种 DSL，我们便无须理解每个云服务提供商用于配置硬件的所有复杂性和细节。此外，它还允许使用基础设施即代码来存储和版本化基础设施。

首先，创建一个名为 ec2.tf 的文件，并添加提示以告知 Copilot 我们希望其为 Terraform 文件，同时设置预期要求(见代码清单 7.2)。注意，Copilot 需要给定行的第一个单词输入后才能继续。

代码清单 7.2   Terraform 文件示例，其中包括实例大小

```
# 创建一个 Terraform 文件，用于配置 AWS EC2 实例(类型为 t2.micro)，安
装 Docker 守护程序，并返回实例的主机名。
provider "aws" {
  region = "us-west-2"
}

resource "aws_instance" "example" {
  ami           = "ami-0c55b159cbfafe1f0"
  instance_type = "t2.micro"
}
```

你可能会发现，Copilot 跳过了一个很小但很关键的细节：它没有提供安装和配置 Docker 的代码。鉴于运行应用程序需要 Docker，故我们必须纠正这一疏忽。事实上，你可能需要手动更新文件，加

入安装 Docker 的命令，就像下面这样：

```
resource "aws_instance" "example" {
  ami           = "ami-0c55b159cbfafe1f0"
  instance_type = "t2.micro"

  user_data = <<-EOF
              #!/bin/bash
              sudo yum update -y
              sudo yum install -y docker
              sudo service docker start
              sudo usermod -a -G docker ec2-user
              sudo docker run -d -p 80:80 nginx
              EOF
}
```

Copilot 应生成一个完整的 Terraform 文件，类似于代码清单 7.3。你的代码可能不会与该代码清单完全保持一致，但只要包含关键要素即可：提供商、实例、添加 Docker 守护程序的脚本、密钥对和安全组。

代码清单 7.3　创建最小可用 EC2 实例的 Terraform 文件

```
# 创建一个 Terraform 文件，配置 AWS EC2 实例(类型为 t2.micro)，安装
Docker 守护程序，并返回实例的主机名。
provider "aws" {
  region = "us-west-2"
}

resource "aws_instance" "example" {
  ami = "ami-0c55b159cbfafe1f0"
  instance_type = "t2.micro"
   user_data = <<-EOF
              #!/bin/bash
              sudo yum update -y
              sudo yum install -y docker
              sudo service docker start
              sudo usermod -a -G docker ec2-user
```

```
                    sudo docker run -d -p 80:80 nginx
                    EOF
    connection {
        type        = "ssh"
        user        = "ec2-user"
        private_key = file("~/.ssh/id_rsa")
        host        = self.public_ip
    }

    lifecycle {
        create_before_destroy = true
    }
        depends_on = [aws_security_group.allow_http]
    }

    resource "aws_security_group" "allow_http" {
        name = "allow_http"
        description = "Allow HTTP inbound traffic"
        vpc_id = "vpc-12345678"

        ingress {
          description = "HTTP from VPC"
          from_port   = 80
          to_port     - 80
          protocol    = "tcp"
          cidr_blocks = ["0.0.0.0/0"]
          }
    }

    output "public_dns" {
      value = aws_instance.example.public_dns
          }
```

如果使用的是默认的虚拟私有云(VPC)，则 vpc_id 条目并非严格必要。你会发现，AWS 团队选择的许多默认配置和约定是有道理的；如果你有更严格的安全要求，或者对自己的基础设施非常了解且不作任何假设,可考虑使用 Terraform 从头开始设置一个新的 VPC。

你需要将第 21 行的密钥对条目更改为你可以访问的密钥对。

一旦圆满完成该文件，即可运行 terraform init 命令。此命令初始化新的或现有的 Terraform 工作目录。它会下载并安装配置文件中指定的所需提供程序插件和模块，并准备好一切以供使用。

接下来，让 Terraform 解释它打算进行的更改。可以使用 terraform plan 命令来完成这一步。此命令为基础架构更改创建一个执行计划：它展示应用配置文件时 Terraform 会对基础架构进行的更改。该计划会显示将创建、修改或销毁的资源，以及对基础架构所作的其他更改。

注意： 第一次运行 terraform plan 时可能会遇到错误——Error: configuring Terraform AWS Provider: no valid credential sources for Terraform AWS Provider found。当 Terraform 尝试连接到 AWS 但无法提供有效的凭据时，会出现此错误。要解决此问题，需要创建(或编辑)名为~/.aws/credentials 的文件，并添加 ITAM AWS 访问密钥 ID 和 AWS 秘密访问密钥凭据。有关如何正确完成此操作的更多详细信息，请参阅 *Amazon Web Services in Action, Third Edition* 的 4.2.2 节。

最后，使用 terraform apply 命令应用 Terraform 更改。Terraform 会读取当前目录下的配置文件，并将更改应用到基础架构中。如果你在上次运行 terraform apply 之后对配置文件进行了任何更改，例如启动一个新的数据库实例或更改 EC2 的大小，Terraform 会显示将要进行的更改的预览，并提示你在应用更改之前进行确认。

如果你应用该更改，几分钟后将拥有一个在 VPC 中运行的全新 EC2 实例。然而，这只解决一半的问题。拥有触手可及的计算能力固然很棒，但你需要有东西来利用这种能力。这种情况下，可以使用这个 EC2 实例来运行 ISAM 系统。以下小节简要演示如何将本地构建的镜像传输到另一台机器。

7.3　移动 Docker 镜像(困难模式)

首先,从本地机器导出一个 Docker 镜像并将其加载到远程机器上。使用 docker save 和 load 命令来完成这一操作。可以在本地机器上使用 docker save 命令将镜像保存为 tar 归档文件。以下命令会将镜像保存到名为<image-name>.tar 的 tar 归档文件中。

```
docker save -o <image-name>.tar <image-name>:<tag>
```

接下来,使用诸如 Secure Copy Protocol(SCP)或 Secure File Transfer Protocol (SFTP)等文件传输协议将 tar 归档文件传输到远程机器。可以在远程机器上使用 docker load 命令从 tar 归档文件加载镜像:docker load -i <image-name>.tar。这会将镜像加载到远程机器上的本地 Docker 镜像缓存中。一旦镜像加载完毕,使用 docker run 命令启动镜像并运行 Docker 容器,就像构建后所做的那样。然后将此镜像添加到 Docker Compose 文件中,其中有 Postgres 数据库和 Kafka 实例。

注意:此处关于 Terraform 的讨论已大幅简化。如果你准备仔细了解 Terraform,可参考 Scott Winkler 的 *Terraform in Action*(Manning, 2021; www.manning.com/books/terraform-in-action)。

本节探讨了如何打包镜像并将其加载到远程主机上。这个过程可以通过脚本实现自动化,但由于容器注册表的出现,现在比以往任何时候都更容易管理部署,而无须将它们全部传遍互联网。下一节将探索这样一个工具: Amazon 的 Elastic Container Registry(ECR)。

7.4　移动 Docker 镜像(简单模式)

Docker 镜像是容器的蓝图,是容器化应用的基本构建块。正确管理它们可以保持干净、高效和有序的开发和部署工作流程。

Amazon ECR 是一个完全托管的 Docker 容器注册表，有助于开发人员轻松存储、管理和部署 Docker 容器镜像。

首先来深入探讨将 Docker 镜像推送到 ECR 的过程。这个过程对于镜像的使用和部署至关重要。下面将逐步介绍如何设置本地环境、用 ECR 验证身份以及推送镜像。在将镜像移动到 ECR 之前，我们必须创建仓库来存放该镜像。这可以通过 AWS 管理控制台完成，或者像稍后将要做的那样，使用 AWS 命令行界面(CLI)。创建新镜像仓库的命令如下：

```
aws ecr create-repository --repository-name itam
```

接下来，需要使用 ECR 仓库 URL 和镜像名称为 Docker 镜像打标签。可以将其命名为 latest 或使用语义化版本。打标签有助于方便地回滚或升级系统的版本。使用以下命令标记应用程序镜像。

```
docker tag itam:latest
123456789012.dkr.ecr.us-west-2.amazonaws.com/itam:latest
```

现在，使用 aws ecr get-login-password 命令在 ECR 注册表中认证 Docker。这样会生成一个 Docker login 命令，用于认证 Docker。登录命令如下：

```
aws ecr get-login-password --region us-west-2 |
docker login --username AWS --password-stdin
123456789012.dkr.ecr.us-west-2.amazonaws.com
```

最后，使用 docker push 命令将 Docker 镜像推送到 ECR 注册表。

```
docker push 123456789012.dkr.ecr.us-west-2.amazonaws.com/ itam:
latest
```

一旦镜像存入注册表中，你的部署选项会大大增加。例如，可以编写一个 bash 脚本，登录 EC2 实例并执行 docker pull 以便在该 EC2 上下载和运行镜像。或者，你可能会希望采用更可靠的部署模

式。下一节将详细介绍如何在名为 Elastic Kubernetes Service(EKS)
的强大云服务上设置和启动应用程序。EKS 是由 AWS 提供的托管
Kubernetes 服务。

7.5   将应用程序部署到 AWS EKS

相比于直接在 EC2 实例上运行 Docker 镜像，使用 Kubernetes
有许多优势。首先，使用 Kubernetes 管理和扩展应用程序更简单。
此外，使用 Kubernetes 时，不需要花费大量额外的时间考虑基础设
施的架构。更重要的是，由于 Kubernetes 自动管理其镜像(pod)的生
命周期，应用程序可具备自我修复能力。这意味着如果出现问题，
Kubernetes 可以自动修复，确保应用程序始终平稳运行。

首先，需要一个用 YAML(Yet Another Markup Language 或
YAML Ain't Markup Language)编写的部署描述符，它可描述 ITAM
系统预期将始终处于的状态。该文件(通常称为 deployment.yaml)会
提供一个模板，Kubernetes 将根据该模板对比当前运行的系统，并
根据需要进行修正(见代码清单 7.4)。

代码清单 7.4   ITAM 系统的 Kubernetes 部署文件

```
# 创建一个用于 itam 应用程序的 Kubernetes 部署文件。镜像名称为 itam:
latest
# 部署将在 8000 端口上运行

apiVersion: apps/v1
kind: Deployment
metadata:
  name: itam-deployment
  labels:
    app: itam
spec:
  replicas: 1
  selector:
```

```
    matchLabels:
      app: itam
  template:
    metadata:
      labels:
        app: itam
    spec:
      containers:
      - name: itam
        image: itam:latest
        imagePullPolicy: Always
        ports:
        - containerPort: 8000
```

　　但这行不通。Kubernetes 无法在部署描述文件中找到引用的镜像。要修正这一点，需要让 Kubernetes 使用新创建的 ECR。幸运的是，这并不像听起来那么困难。我们只需要更新文件中的镜像条目以指向 ECR 镜像，并授予 EKS 访问 ECR 的权限(可能稍微有点复杂，但还是可以管理的)。

　　首先，更新部署 YAML 文件以使用 ECR 镜像。

```
image:123456789012.dkr.ecr.us-west-2.amazonaws.com/itam:latest.
```

　　然后需要定义一个策略供 EKS 使用，并通过 AWS CLI 或身份和访问管理(IAM)管理控制台应用该策略。虽然应用策略略微超出本书的范围，但可以使用 Copilot 来定义它。生成的策略类似于代码清单 7.5。

代码清单 7.5　允许 EKS 从 ECR 拉取镜像的 IAM 策略

```
{
  "Version": "2012-10-17",
  "Statement": [
    {
      "Sid": "AllowPull",
      "Effect": "Allow",
      "Principal": {
        "AWS": "arn:aws:iam::<aws_account_id>:role/<role>"
```

```
    },
    "Action": [
      "ecr:GetDownloadUrlForLayer",
      "ecr:BatchGetImage",
      "ecr:BatchCheckLayerAvailability"
    ],
    "Resource": "arn:aws:ecr:<region>:<aws_account_id>:
repository/<repository_name>"
    }
  ]
}
```

一旦 EKS 可以从 ECR 拉取镜像，一个 pod 便开始运行。然而，无法从外部访问这个 pod。你需要创建一个服务(见代码清单 7.6)。在 Kubernetes 中，服务是一种抽象，它定义了一组逻辑上的 pod (Kubernetes 对象模型中创建或部署的最小最简单的单元)以及访问它们的策略。

代码清单 7.6　启用应用程序外部访问的 Kubernetes 服务文件

```
# 请为使用负载均衡器类型出口的应用程序创建一个服务。
apiVersion: v1
kind: Service
metadata:
  name: itam-service
spec:
  type: LoadBalancer
  selector:
    app: itam
  ports:
  - name: http
    port: 80
    targetPort: 8000
```

服务使得应用程序不同部分之间以及不同应用程序之间的通信成为可能。通过将 pod 暴露给网络和其他 Kubernetes 中的 pod，它们可以帮助分配网络流量并实现负载均衡。

Kubernetes 负责将来自该入口的所有请求通过服务路由到正在

运行的 pod，而不管它们在哪台主机上运行。这样就能实现无缝故障切换。Kubernetes 预计过程中会出现故障。它只能依靠自己。因此，Kubernetes 融合了许多分布式系统中的最佳实践。使用 Kube 是拥有可靠、高可用系统的重要第一步。下一节将研究如何减轻负担，使得应用能够重复、持续地接入 Kubernetes；还将了解如何使用 GitHub Actions 构建小型部署管道。

7.6　在 GitHub Actions 中设置 CI/CD 管道

如果发布过程复杂，那么发布频率会很低。这限制了应用程序提高价值的能力，从而影响相关人员。然而，自动化部署过程可以显著减少发布时间。这使得发布更加频繁，加快了开发速度，并有助于功能更快交付。CI/CD 管道降低了与部署相关的风险。通过进行更小、更频繁的更新，出现任何问题都可以迅速定位和修复，最大限度地减少对最终用户的影响。这些管道促进了代码更改的无缝集成，并加速了部署，简化了软件发布流程。

GitHub Actions 允许在 GitHub 仓库中直接构建定制化的 CI/CD 管道。这使得开发工作流更加高效，并实现了各种步骤的自动化，有助于我们聚焦编程而不是集成和部署的统筹安排问题。

本节简要介绍如何使用 GitHub Actions 和 GitHub Copilot 设置 CI/CD 管道。注意，这不是全面指南，只是一个概述，介绍潜在优势和大致工作流程。这可作为入门教程，让你了解如何使用这些工具来优化软件开发过程。

首先，在项目中的路径 .github/workflows 下创建一个文件。注意开头的点号。可以将此文件命名为 itam.yaml 或其他名称。在文件的第一行添加以下提示：

创建一个 GitHub Actions 工作流，在每次合并到主分支时构建 ITAM 应用程序并将其部署到 EKS。

注意：和本章中许多交给 Copilot 处理的基础设施相关任务一

样，Copilot 创建这个文件需要大量帮助。我们需要了解这个文件的结构以及如何编写每一行。这种情况下，可以向 ChatGPT 或 Copilot Chat 请求帮助来构建文件。

此文件的第一部分概述此操作的建议执行时间(见代码清单 7.7)。on:push 指令表示当向主分支进行 git push 时，应执行此操作。此文件中有一个任务，包含多个步骤。此任务 build 使用嵌入式函数 login-ecr 登录到 ECR。

代码清单 7.7　构建应用程序的 GitHub Actions 文件的初始部分

```
# 创建一个 GitHub Actions 工作流，在每次合并到主分支时构建 ITAM 应用程
序，并将其部署到 EKS。
name: Build and Deploy to EKS

on:
  push:
    branches:
      - main
jobs:
```

build 任务首先会从 GitHub 仓库中检出代码。它使用在模块 actions/checkout 版本 2 中编写的代码(见代码清单 7.8)。接下来，它会获取 EKS CLI 并配置凭据以连接到 EKS。注意，AWS 访问密钥和秘密值是自动传递给应用程序的。GitHub Actions 使用内置的密钥管理系统来存储敏感数据，如 API 密钥、密码和证书。该系统集成到 GitHub 平台中，允许在仓库和组织层面添加、删除或更新秘密(及其他敏感数据)。秘密在存储前会加密，并且在日志中不会显示，也不可下载。它们仅作为环境变量暴露给 GitHub Actions 运行器，从而提供一种处理敏感数据的安全方式。

同样，你可以创建环境参数并在操作中使用它们。例如，查看变量 ECR_REGISTRY。此变量是使用 login-ecr 函数的输出创建的。这种情况下，你仍然需要在 Actions 文件中硬编码 ECR。然而，你

这样做是为了保持一致性，并且只需要在一个地方管理。大部分步骤应该看起来很熟悉，因为已经在本章中使用过。这就是自动化的好处：它为你完成这些工作。

代码清单 7.8　GitHub Actions 文件的构建和部署步骤

```
build:
  runs-on: ubuntu-latest

  steps:
  - name: Checkout code
    uses: actions/checkout@v2

  - name: Set up EKS CLI
  uses: aws-actions/amazon-eks-cli@v0.1.0

  - name: Configure AWS credentials
    uses: aws-actions/configure-aws-credentials@v1
    with:
      aws-access-key-id: ${{ secrets.AWS_ACCESS_KEY_ID }}
      aws-secret-access-key: ${{ secrets.AWS_SECRET_ACCESS_KEY }}
      aws-region: us-west-2

  - name: Build and push Docker image
    env:
      ECR_REGISTRY: ${{ steps.login-ecr.outputs.registry }}
      ECR_REPOSITORY: itam
    IMAGE_TAG: ${{ github.sha }}
    run: |
      docker build -t $ECR_REGISTRY/$ECR_REPOSITORY:$IMAGE_TAG .
      docker push $ECR_REGISTRY/$ECR_REPOSITORY:$IMAGE_TAG

  - name: Deploy to EKS
    env:
      ECR_REGISTRY: ${{ steps.login-ecr.outputs.registry }}
      ECR_REPOSITORY: itam
      IMAGE_TAG: ${{ github.sha }}
    run: |
```

```
envsubst < k8s/deployment.yaml | kubectl apply -f -
envsubst < k8s/service.yaml | kubectl apply -f -
```

文件的最后一部分要登录 AWS ECR。Actions 文件中的步骤会调用此操作(见代码清单 7.9)。完成后,它会将输出返回给调用函数。

代码清单 7.9   用于构建和部署到 EKS 的 GitHub Actions 文件

```
login-ecr:
  runs-on: ubuntu-latest
  steps:
  - name: Login to Amazon ECR
    id: login-ecr
    uses: aws-actions/amazon-ecr-login@v1
    with:
      registry: <your-ecr-registry>
      aws-access-key-id: ${{ secrets.AWS_ACCESS_KEY_ID }}
      aws-secret-access-key: ${{ secrets.AWS_SECRET_ACCESS_KEY }}
```

探索代码即基础设施有助于我们理解其在任意项目中的关键作用,以及如何通过代码更好地管理。像 Terraform 这样的工具为管理基础设施提供了简化的解决方案,而 GitHub 以代码为中心的功能有助于维护整体工作流程。

主要通过像 GitHub Actions 这样的平台引入 CI/CD 管道凸显了自动化软件交付过程的重要性。自动化该流程提高了软件开发生命周期的速度和可靠性,并减少了人为错误的可能性。

管理基础设施即代码领域正不断发展,新的工具和实践也不断涌现。这要求我们有不断学习和适应的心态。本章展示了其中的好处和可能性。

7.7   本章小结

- 本章介绍了从应用开发到产品发布的过渡,涵盖部署策略、

云基础设施的最佳实践,以及使用 Docker 和 Terraform 高效
管理和容器化应用程序的方法。

- 本章解释了如何通过 Kubernetes 管理应用部署,包括创建
YAML 部署描述符、构建用于网络流量分发的服务,以及
在 AWS 的 Elastic Kubernetes Service(EKS)上进行部署。

- 本章学习了如何根据不同的环境(无论是各种云平台还是本
地环境)调整部署方法,以及 GitHub Copilot 如何帮助准确
创建 Dockerfile 和 Terraform 文件。

- 最后讨论了如何将 Docker 镜像导出到远程机器、推送其到
Amazon 的 Elastic Container Registry(ECR),并使用 GitHub
Actions 将其迁移到自动化部署。

第 *8* 章

使用ChatGPT开发安全
应用程序

本章内容：
- 使用 ChatGPT 进行威胁建模
- 使用 ChatGPT 培养安全意识
- 利用 ChatGPT 减轻风险

在不断发展的软件开发领域中，安全问题已经从次要考虑因素转变为项目设计和实现阶段不可或缺的一部分。尽管对安全的关注度不断提高，开发者们仍然难以跟上应用程序安全领域快速变化的步伐。本章将全面介绍如何把 AI(特别是 ChatGPT)嵌入应用程序开发的各个阶段以增强其安全性，并为构建更安全的软件应用程序提供一套全新的工具。

在探讨这一主题时，会深入研究如何将 ChatGPT 融入 ISAM 应用程序(该应用程序使用 Python 和 FastAPI 编写)的开发过程中；还将讨论这个 AI 模型如何帮助识别漏洞、参与威胁建模、评估应用设计中的潜在安全隐患，以及理解和应用安全最佳实践。

本章的目标并不是将 ChatGPT 定位为解决所有安全问题的灵丹妙药，而是展示其作为开发人员安全工具包中强大工具的潜力。我们将学习主动识别和管理威胁，始终牢记不仅要创建功能性的软件，还要创建安全的软件。在这个过程中，我们会探讨诸如威胁建模、在开发生命周期中融入安全措施、AI 在保障安全中的作用等话题。

安全不是一项功能

应用程序安全源于设计。虽然它常常被当作一项功能，但它并不是。生成式 AI 是评估和改进应用程序安全的工具，但它们不会取代安全专家，也不会让你成为安全专家。有关应用程序安全设计的更多信息，请参见 Dan Bergh Johnsson、Danniel Deogun 和 Daniel Sawano 编写的 *Secure by Design*(Manning, 2019; www.manning.com/books/secure-by-design)一书。

在错误的软件生命周期心智模型中，安全被视为可以根据项目需要优先或推迟处理的功能，或者是在生命周期某个阶段添加的内容。然而，安全应该是贯穿所有阶段的核心思维模式。

8.1　使用 ChatGPT 进行威胁建模

威胁建模是一种结构化的方法，可帮助团队理解、优先处理和管理系统中的潜在威胁。通过模拟攻击者的思维方式，威胁建模可以系统地识别漏洞、评估潜在影响并确定缓解策略。威胁建模植根于设计阶段，但贯穿整个软件开发生命周期，充当高级安全策略与实际操作实践之间的关键桥梁。

威胁建模不是一次性的过程。发现新漏洞或系统和外部环境更改时，你必须重新审查并更新威胁模型。

8.1.1　威胁建模在当今开发环境中至关重要的原因

在深入探讨使用 ChatGPT 进行威胁建模之前，需要先回过头来理解这么做的原因。在当今开发环境中，人们对安全性愈发重视，故必须留意那些显著改变软件开发、部署和访问方式的因素。服务数字化越来越多，攻击面也会变得更加广泛。从在线银行到健康记录、电子商务，甚至政府服务，所有这些现在都可以在网上获得，成为潜在的目标。

此外，网络威胁并非静止不变。新的漏洞每天都在出现，攻击者也在不断想出新的方法。随着国家支持的网络攻击、勒索软件和网络间谍活动的增加，危险从未如此之大。

现代架构比以前复杂得多，应用程序通常利用微服务、第三方 API 和云基础设施。这种复杂性可能引入多个潜在的脆弱点。系统不再是孤立的，而是与其他系统相互连接，形成多米诺效应。一个系统的漏洞可以为攻击其他系统提供跳板。

安全漏洞

除了直接经济损失，安全漏洞还可能侵蚀信任、损害公司声誉、造成法律后果，并导致客户或商业机会的流失。此外，随着欧洲《通用数据保护条例》(GDPR)和美国《加州消费者隐私法》(CCPA)等法规的出台，组织在保护用户数据方面有更大的责任。不合规行为可能导致巨额罚款。

在一个互联互通、数字为先的世界中，安全性不仅是一个 IT 问题，更是基本的业务要求。确保应用程序从一开始就以安全为核心进行开发，可以降低风险和成本、建立信任并保障系统的连续性。

8.1.2　ChatGPT 如何辅助威胁建模

既然已经理解了原因，下面便转向如何利用 ChatGPT 来了解周围的网络安全威胁、其影响以及潜在的解决技术。ChatGPT 拥有广泛的基础网络安全概念知识库；它可以定义标准术语，并根据你在网络安全上的需求，以适当的详细程度解释复杂的攻击向量。你可以一开始先要求它解释网络安全原则，例如什么是 SQL 注入攻击或者什么是点击劫持。

作为一种非正式的威胁建模方法，你可以向 ChatGPT 提出详细的假设场景，并询问这些情况下可能出现的潜在威胁或漏洞。刚开始时可以非常笼统，然后随着过程的推进逐步细化。例如，可以输入以下提示：

NC　如果我正在开发基于云的电子商务 Web 应用程序，应该注意哪些威胁？

然后深入探讨，围绕特定威胁进行三角分析。

NC　攻击者会如何劫持我的电子商务应用程序中用户的购物车？

接下来，可以与 ChatGPT 交互，了解如何评估与各种威胁相关的风险。这有助于你了解该优先处理哪些威胁。在了解可能针对系统的威胁后，可以与 ChatGPT 讨论潜在的对策、最佳实践和缓解策略。

NC　如何评估在线服务遭受 DDoS 攻击的风险？

然后继续询问。

NC　防止跨站点脚本攻击的最佳实践是什么?

你需要定期与 ChatGPT 交互,以更新知识或询问遇到的新概念或策略。

但需要注意的是:始终要意识到 ChatGPT 的局限性。它没有实时威胁情报,且其知识仅限于上一次更新。对于最新的威胁,务必查阅最新的资源。尽管 ChatGPT 是一个有价值的工具,但我们应始终将其见解与其他权威来源进行交叉验证。网络安全迅速发展,故与多个可信来源保持同步至关重要。在与 ChatGPT 讨论特定威胁后,你可能会想要查阅来自开放式全球应用程序安全项目(OWASP)、国家标准与技术研究院(NIST)等组织以及其他公认的网络安全实体的最新文档。

最后,与 ChatGPT 进行交互式头脑风暴会话可以帮助你有效生成想法、理解复杂概念或完善策略,尤其是在网络安全领域。以下是构建和执行此类会话的方法。

(1) 明确陈述头脑风暴会话的目标。例如,可以是识别系统中的潜在漏洞,为新应用程序生成安全措施,或讨论改进用户数据保护的策略。

(2) 在会话开始时为 ChatGPT 提供详细的上下文信息。如果涉及特定的系统或应用程序,描述其架构、组件、功能以及任何已知的问题或担忧。例如,你可以说:

NC　我正在开发一个基于微服务架构并使用 Docker 容器的 Web 电子商务平台。希望能识别潜在的安全威胁。

根据 ChatGPT 的响应,可以深入探讨特定的兴趣点或关注领域。例如,你可以说:

NC　请告诉我更多关于容器安全最佳实践的信息。

或者问：

NC　我该如何确保微服务之间的通信安全？

(3) 为 ChatGPT 提出假设场景，并寻求反馈或解决方案。这有助于预见潜在的挑战或威胁。

NC　假设攻击者获得了其中一个容器的访问权限，应该采取哪些步骤？

(4) 通过扮演反对者的角色与 ChatGPT 交互。质疑或反驳它提供的想法或建议，以激发更深入的思考并探索不同的角度。

NC　如果我使用第三方认证服务会怎样？这会如何改变安全形势？

(5) 向 ChatGPT 询问具体的实现步骤或行动项目，以落实所建议的解决方案。例如，你可以问：

NC　鉴于你提到的安全问题，我应该采取哪些具体步骤来降低风险？

注意：随着头脑风暴的进行，记录 ChatGPT 提供的想法、建议和策略。这些内容在会话后回顾和实现时将非常有价值。头脑风暴是迭代时最有效的方式。基于会话中的学习成果，你可能需要细化问题、修改方法或在后续会话中探索新领域。

图 8.1 展示了在头脑风暴会话期间执行的安全反馈循环。

图 8.1　与 ChatGPT 开展头脑风暴会话的工作流程

随着项目或方案的进展，请重新与 ChatGPT 讨论，考虑其更改、更新或新挑战。最近一次的更新允许上传系统设计文档，并让 ChatGPT 以评估代码的方式仔细检查设计中的潜在威胁和常见漏洞。

以这种半结构化的方式使用 ChatGPT，你可以受益于其广泛的知识库，并为场景获得宝贵的反馈和见解。始终记得将建议与最新的资源和相关领域的专家意见进行交叉验证。

8.1.3　案例研究：使用 ChatGPT 模拟威胁建模

除了与 ChatGPT 进行情景分析和交互头脑风暴会话外，你还可以选择应用一种正式的方法论，即网络安全专业人员常用的方法：STRIDE。STRIDE 是一种由微软推出的威胁建模方法论，帮助识别系统或应用程序中的潜在安全威胁。可以使用 ChatGPT 和 STRIDE 来模拟威胁并相应进行分类处理。

STRIDE

STRIDE 代表欺骗、篡改、抵赖、信息泄露、拒绝服务和权限提升。

- 欺骗——冒充其他实体或个人。这可能意味着窃取用户、设备甚至系统的身份以获得未经授权的访问。例如，攻击者可能会伪造媒体访问控制(MAC)地址以冒充网络上的设备。
- 篡改——未经授权修改数据或代码。例如，攻击者可以在中间人攻击中修改传输的数据包。
- 抵赖——用户在缺乏行动证据的情况下否认他们恶意(或不小心)执行了特定操作。例如，用户可能会否认下过订单或更改过某些数据。
- 信息泄露——将信息暴露给不应访问它的人。例如，数据库配置错误可能会将敏感用户数据公开。
- 拒绝服务(DoS)——使得资源对预期用户不可用或无响应。这可以通过耗尽系统的资源或利用特定漏洞来实现。例如，

> 在 DDoS 攻击期间，攻击者可能会用大量流量冲击网站，导致其变慢或完全无响应。
>
> ● 权限提升——未授权用户获得更高的权限，通常允许其控制整个系统或执行他们无权进行的任务。

本书一直在开发 ITAM 系统的部分功能。提醒一下，这个系统用于管理和优化企业的 IT 资产。本节将在应用程序中使用 STRIDE 方法，并利用 ChatGPT 对该系统收到的威胁进行辅助建模。

下面先讨论欺骗。

NC 在 ITAM 系统的上下文中，系统可能会如何受到欺骗？

ChatGPT 可能会给出类似代码清单 8.1 的响应。

代码清单 8.1　ChatGPT 解释欺骗对应用程序的影响

MAC 地址欺骗：大多数 ITAM 系统依赖 MAC 地址来识别和管理网络中的设备。攻击者可能会伪造授权设备的 MAC 地址，以获得未经授权的访问或掩盖恶意设备的存在。

IP 地址欺骗：攻击者可以伪装成受信任的 IP 地址以便绕过网络安全措施或转移流量。这可能导致未经授权访问 ITAM 系统，甚至引发拒绝服务攻击。

DNS 欺骗(缓存中毒)：如果 ITAM 系统依赖域名访问更新或相关资源，DNS 欺骗可以将 ITAM 服务器重定向到恶意网站，从而可能危及系统安全。

设备标识符欺骗：除了 MAC 地址外，设备可能还有其他唯一标识符。伪造标识符可能会使未经授权的设备在 ITAM 库存中显示为合法资产。

用户代理欺骗：如果 ITAM 系统通过 Web 浏览器访问，攻击者可以伪造用户代理字符串，模仿授权设备或浏览器，从而可能绕过某些安全检查。

虚假资产注册：恶意行为者可能会向系统中引入虚假资产，导致资产跟踪不准确、分析失真并产生潜在的安全漏洞。

伪造更新服务器：如果 ITAM 解决方案从远程服务器获取更新，攻击者可以伪造这些服务器，提供恶意更新或软件。

网络钓鱼与社会工程：虽然不是严格意义上的技术欺骗方法，但攻击者仍然可以伪造电子邮件或其他通信，冒充 ITAM 管理员或供应商。不知情的员工可能会因此泄露敏感的 ITAM 数据。

此外，它还可能给出常见的预防或缓解措施(见代码清单 8.2)。

代码清单 8.2　ChatGPT 概述防止此类漏洞的机制

网络安全：实现网络分段、强大的防火墙和入侵检测系统(IDS)，监控和阻止可疑活动。

加密：对传输中的数据进行加密，防止中间人攻击，这种攻击可能造成欺骗行为。

动态识别：定期轮换设备标识符或使用动态标识符。

DNS 安全：实现 DNS 安全扩展(DNSSEC)，确保 DNS 响应的真实性。

认证和授权：要求多因素认证(MFA)以访问 ITAM 系统，并确保严格的基于角色的访问问控制。

定期审计：频繁审计 ITAM 数据库，识别差异或恶意资产。

用户教育：定期培训 IT 人员和员工，了解欺骗的风险以及验证通信的重要性。

与其列举 STRIDE 的全部内容，不如直接来讨论抵赖。这是所有攻击中最不直观且最受误解的一种。

NC　在 ITAM 系统中，抵赖可能会如何影响我们的系统？

ChatGPT 可能会以系统的上下文定义这一风险(见代码清单 8.3)。

代码清单 8.3　ChatGPT 从网络安全的角度定义抵赖行为

在网络安全的上下文下，抵赖是指用户(或系统)否认执行了特定操作的能力，即使他们确实执行了该操作。对于 ITAM 系统，抵赖可能会带来关于责任、可追溯性和合规性的挑战。下面来探讨抵赖可能会如何影响 ITAM 系统。

接下来它列出了可能影响 ITAM 系统的各种抵赖风险(见代码清单 8.4)。

代码清单 8.4　ChatGPT 概述的可能抵赖风险

资产更改否认：用户可能未经授权便在 ITAM 系统中更改资产的状态或详细信息，并随后否认曾进行过此类更改。这可能导致资产跟踪不准确，进而引发潜在的合规问题并导致运营效率低下。

责任缺失：如果未正确记录 ITAM 系统中的操作，或者不留痕迹地被修改日志，则难以追究个人的责任。这可能导致未经授权的软件安装、硬件分配不当或资产滥用而无人负责。

财务差异：抵赖行为可能会导致经济损失。例如，如果员工声称从未收到某项硬件资产(如笔记本电脑)，而 ITAM 系统显示他们确实收到了，这可能导致不必要的额外采购。

许可违规：用户可能会安装未经授权的软件并否认这样做。如果没有适当的不可抵赖措施，追踪和证明此类安装会很困难，从而可能导致许可违规。

安全影响：内部人员或外部攻击者可能会利用 ITAM 系统恶意窃取或破坏资产并否认任何不当行为。这可能会导致数据泄露、敏感数据被盗甚至金融欺诈。

ChatGPT 将为我们提供降低这些风险的潜在方法(见代码清单 8.5)。

代码清单 8.5　抵赖风险的补救技术

强认证：确保访问 ITAM 系统的用户经过严格的认证流程，理想情况下采用多因素认证(MFA)，以确保所有操作可以追溯到个人。

不可变日志：实现防篡改的日志系统。ITAM 内的每个操作、更改或交易都应记录时间戳和相关用户信息。

数字签名：关键操作，特别是与财务交易或重大资产变更相关的操作，需要数字签名。这提供了额外的验证和不可抵赖性。

基于角色的访问控制 (RBAC)：确保用户具有特定的角色和权限。根据工作角色限制访问可以减少未经授权操作的风险，并更容易追溯特定用户的活动。

定期审计：定期审查和审计 ITAM 系统中的日志和交易，以检测任何差异或潜在的抵赖行为。

用户培训：告知 ITAM 系统用户责任的重要性以及未经授权行为的后果。提高用户的意识可以减少无意否认的情况。

举报政策：鼓励员工报告任何可疑活动，无须担心遭到报复。

随着开发实践的发展，我们所面临的网络威胁也在不断演变。本节探讨了 ChatGPT 的具体属性，让其成为识别和预测潜在网络威胁方面的宝贵资产。凭借其模拟对话、快速分析大量数据并基于模式提供见解的能力，ChatGPT 成为增强传统威胁建模方法的有力工具。

最后，简要介绍了 ChatGPT 在威胁建模中的实际应用案例。该案例研究强调了在现实网络安全场景中使用 AI 的可行性，突出了将 ChatGPT 集成到威胁建模过程中的成就、挑战以及经验教训。

虽然使用像 ChatGPT 这样的工具对外部威胁进行建模在限制或防止对企业及其数据的损害方面具有不可估量的价值，但将注意力转向系统的内部、识别其中的漏洞也同样重要。下一节将对此进行讨论。

8.2　审查应用程序设计并识别潜在漏洞

现代应用程序设计的复杂性有时会掩盖功能和安全方面的细微缺陷。利用 ChatGPT 的分析能力,可以更深入地研究这些设计,避免传统的人员疏忽和偏见。凭借其广泛的知识和模式识别能力,ChatGPT 提供了一个独特的视角,能够发现常见漏洞并提供可操作的反馈。本节将探讨如何通过与 ChatGPT 协商,批判性地评估应用程序设计,确保它们不仅功能齐全且易于使用,而且对潜在威胁具有强大的抵抗力。

8.2.1　评估设计问题

为了让 ChatGPT 开始评估设计,可以发出以下提示:

NC　请审查此应用程序设计并指出设计问题。该设计采用
Mermaid 格式。

从第 2 章复制 Mermaid 图。代码清单 8.6 是 ChatGPT 在设计中发现的问题的简要清单(有趣的是,这些建议中有很多最初是 ChatGPT 提供的)。

代码清单 8.6　ChatGPT 提供的设计问题的简要清单

在 Mermaid 类图中描述的设计是资产管理系统中多个实体的综合表示,重点关注各种资产及其折旧策略。关于此设计,有以下几点需要考虑。

1. 继承与组合

- 策略 `StraightLineDepreciationStrategy`、`DecliningBalance``DepreciationStrategy`、`DoubleDecliningDepreciationStrategy` 和 `NoDepreciationStrategy` 最好继承自 `DepreciationStrategy`,以确保它们遵循相同的接口。

2．DepreciatingAsset 类

- DepreciatingAsset 似乎定义不完整，或许它应该继承自 Asset 或者进一步完善。

3．访问者模式

- LineOfBusinessVisitor 类似乎实现了访问者模式。但是，不清楚所有方法是否必要。你是否期望每个可访问对象类型(Hardware、Software、DepreciatingAsset)都有不同的逻辑？

这远不是一个详尽的代码清单，但这确实提供了一个反思和改进设计的出发点。

8.2.2　识别常见漏洞

本节将探讨 ChatGPT 如何利用其广泛的知识库和模式识别能力，帮助发现软件设计中的隐藏弱点和潜在威胁，这标志着主动网络安全措施的重大进步。我们将询问它：

NC　设计中是否存在任何漏洞或利用方式？

它列出了一个长长的代码清单，我们从中摘取了几个关键问题(见代码清单 8.7)。

代码清单 8.7　ChatGPT 找到的漏洞和利用方式(部分)

1．密码安全
User 类存储了一个密码字段。出于安全考虑，密码不应以明文形式存储。可考虑使用哈希机制(例如 bcrypt)来存储密码哈希值，而不是原始密码。

2．基于角色的访问控制 (RBAC)
虽然 Role 类似乎通过拥有权限列表来解决基于角色的访问控制(RBAC)，但请确保实现此设计的系统能够恰当地强制执行这些角色和权限。特别要注意那些修改用户角色或权限的函数或方法。

我们可以继续探讨，向 ChatGPT 请教如何最好地实现这些建议。

在前面的部分中，我们可以看到 ChatGPT 如何帮助发现软件设计中的问题。它是一个强大的工具，但正如之前所说，它不能替代专业人员。可以这样理解：ChatGPT 是一个得力助手，但人类仍然处于主导地位。结合使用 AI 和人类智慧可以让在线世界更加安全。这一切的关键在于合作并充分利用两者的优势。

8.3　应用安全最佳实践

本节是全面构建强大软件安全性的指南。首先，将讨论拥有安全意识心态的重要性。接着，会介绍定期进行安全测试的必要性，以确保系统稳固。然后，讨论定期检查或审计，以确保所有内容都是最新的。简言之，将探讨安全工具以及正确的思维方式。

8.3.1　建立安全意识

安全不仅仅是使用正确的工具或遵循最新的协议；它是一种思维方式，将安全融入每个行动、决策和策略之中。本节将引导你了解建立这种思维方式的基础原则，强调在现代网络安全挑战面前保持警惕、适应性和持续学习的重要性。

ChatGPT 可以作为安全培训和意识提升的强大工具，还可作为交互工具来教授团队网络安全的基础知识，例如跨站点脚本攻击及其工作原理。它还可用来规划事件响应：例如，可以询问它如果服务器遭受入侵，第一步应采取什么措施。

此外，ChatGPT 还可用于生成安全编程指南和建议。例如，可以像下面这样要求它。

NC　请提供 Python 的安全编程指南。

ChatGPT 会提供一个详细的列表，包括输入验证、保护库的内容，以及如何安全存储密码并在运行时注入密码的建议。

ChatGPT 还可以提供特定应用程序的指导。例如

NC　请提供安全部署 Flask Web 应用程序的步骤。

虽然保障应用程序安全有无数种方法，但 ChatGPT 为我们提供

了精选的代码清单。具体参考代码清单8.8。

代码清单 8.8　ChatGPT 关于安全部署 Flask 的简要建议清单

安全部署 Flask Web 应用程序需要采取多方面的措施，涵盖从代码级别的安全实践到服务器和网络配置的各个方面。

以下是推荐的步骤：

1．使用最新版本的 Flask：始终使用最新的 Flask 版本，因为它通常包含已知漏洞的安全补丁。

2．避免在生产环境中启用调试模式：永远不要在生产环境中运行带有 app.debug = True 的 Flask 应用程序。调试模式可能会暴露敏感信息。

3．使用安全的 Web 服务器：将 Flask 应用程序部署在生产级的 Web 服务器(如 Gunicorn、uWSGI 或 mod_wsgi)之后。这些服务器能够处理实际流量，并具有更好的安全机制。

4．实现 HTTPS：使用 SSL/TLS 加密服务器和客户端之间的数据。使用 Let's Encrypt 等工具获取免费的 SSL 证书。

在了解如何安全开发 Python 软件特别是基于 Flask 的微服务后，可以开始测试应用程序。

8.3.2　持续安全测试

本节将探讨 ChatGPT 广泛的知识库如何帮助简化决策过程，提供对工具功能的见解，并为有效使用工具以实现最佳应用程序安全性提供指导。首先将研究静态分析工具和动态分析工具之间的差异。然后，在选择过程中使用 ChatGPT，并探讨如何利用它来推出工具。

静态应用程序安全测试(SAST)是一种测试过程，它在不执行应用程序的情况下检查源代码、字节码或二进制代码。SAST 的主要目标是通过分析代码库并识别可能导致安全漏洞的模式或代码段，在开发早期发现安全漏洞。这种方法有助于开发人员在应用程序运行之前解决漏洞，从而检测到在运行时或动态测试中可能忽略的问题。SAST 工具通常可以集成到开发环境中，提供持续反馈并加快潜在安全问题的修复。

动态应用程序安全测试(DAST)是在应用程序运行时识别安全漏洞的过程，通常从外部攻击者的角度进行。与分析源代码、字节码或二进制代码的 SAST 不同，DAST 评估应用程序运行时的环境。这种方法可以识别在代码中不明显但在执行过程中出现的漏洞，例如与身份验证、会话管理、数据验证和其他运行时问题相关的漏洞。DAST工具通常通过模拟对运行中应用程序的攻击并监控其响应来操作，因此特别适用于检测在真实攻击中可被利用的漏洞。

考虑到这一区别，我们来寻求建议，确定应用程序应该使用什么测试方法。

NC 对于基于 Flask 的 Python 应用程序，你推荐使用 SAST 还是 DAST?

ChatGPT 可能会输出这两种测试方法的比较，然后最终提供一个建议。这个建议可能类似于代码清单 8.9。

代码清单 8.9　ChatGPT 对确保 Flask 安全的简要建议

对于基于 Flask 的 Python 应用程序，建议结合使用这两种方法。

在开发阶段开始时使用 SAST 以尽早发现潜在漏洞。

在测试和部署阶段使用 DAST 以发现应用程序仅在运行时才可能显现的漏洞。

总之，结合使用 SAST 和 DAST 可以提供更全面的安全评估，确保 Flask 应用程序的稳固性。

注意，我们应尽量结合使用两者。但我们将从 SAST 工具开始。下面通过一个简单的提示来获取推荐的具体库/工具。

NC 请为基于 Python 的 Web 应用程序推荐 SAST 工具。

结果如代码清单 8.10 所示。

代码清单 8.10　ChatGPT 推荐的 SAST 工具

对基于 Python 的 Web 应用程序,有几种静态应用安全测试(SAST)工具可以帮助识别漏洞和不安全的编程模式。

以下是一些建议:
Bandit: 由 OpenStack 社区开发的开源 SAST 工具。Bandit 扫描 Python 代码以查找代码库中的常见安全问题。它被易于集成到 CI/CD 管道中,并可以针对特定问题进行定制。

Pyre: 由 Facebook 开发的高性能类型检查器。Pyre 也可以检测并标记 Python 代码中的安全问题。它被构建用于扩展,能够处理大型代码库。

Semgrep: 一种多功能代码分析工具,提供了对 Python 和多种其他语言的开箱即用支持。Semgrep 规则可以根据各种安全检查进行定制,该工具还提供了广泛的由社区贡献的规则,涵盖常见的安全问题。

Checkmarx: 一种商业工具,支持包括 Python 在内的多种语言。Checkmarx 提供全面的 SAST 功能,并可以无缝集成到开发生命周期中。

将 SAST 工具集成到 CI/CD 管道中的想法非常有吸引力。这种集成可以确保这一关键步骤不会被遗漏或绕过,因为它已经融入了部署管道。因此,下面继续使用 Bandit。但是如何操作呢?我们也可以向 ChatGPT 寻求帮助。

NC　如果想将 Bandit 集成到项目中,应该怎么做?

结果如代码清单 8.11 所示。

代码清单 8.11　ChatGPT 对安装和使用 Bandit 的说明

将 Bandit 集成到项目中是一个简单的过程。Bandit 工具用于查找 Python 代码中常见的安全问题。以下是其集成的步骤指南:

安装:
可以通过 pip 安装 Bandit:
```
pip install bandit
```

运行 `Bandit`：

要在项目上运行 `Bandit`，请导航到 `Python` 项目的根目录并运行：

`bandit -r .`

`-r` 标志告诉 `Bandit` 递归扫描给定目录中的所有文件。`.` 表示当前目录。如果需要，可以用具体路径替换。

配置：

可以使用 `.bandit` 文件自定义 `Bandit` 的行为。这允许你排除某些测试、忽略某些目录等。

例如，如果想排除某个目录，可以输入 `bandit -r . --exclude /path/to/excluded/dir`

尽管 ChatGPT 可以在理解测试结果和建议下一步操作方面提供强大的帮助，但请记住，它可以补充但不能替代专家的意见。特别是在像安全这样关键的领域，用其他资源和专家意见来佐证 ChatGPT 的指导是至关重要的。

8.4　静态数据和传输中数据的加密

本节将探讨如何利用 ChatGPT 的知识和分析能力获得有效加密数据的定制化指导。无论是想学习基础知识的新手，还是想深入研究的专家，ChatGPT 都随时准备提供帮助。下面借助这一先进的 AI，踏上加强数据安全的旅程。

8.4.1　数据加密的重要性

静态数据，即存储的数据(与传输中的数据相反)，如果未受到保护，可能会带来重大风险。未加密的数据可以轻易被未经授权的个人访问和读取，这使其成为网络犯罪分子的主要目标。如果有人恶意获得存储这些数据的系统或网络的访问权限，他们可以毫无障碍地提取有价值的信息。

对于企业而言，财务数据(如信用卡详细信息)的泄露可能导致巨大的财务损失，不仅来自盗窃本身，还可能来自监管机构的诉讼或罚款。许多地区和行业都有严格的数据保护法规。不合规行为(如未加密敏感数据)可能会导致巨额罚款和法律诉讼。如前所述，欧盟的 GDPR 和加州的 CCPA 就是典型的例子。

没有加密，数据不仅可能被未经授权的第三方读取，还可能被篡改。这可能导致错误信息、数据损坏或恶意行为，如毒化数据集。由未加密数据导致的数据泄露可能会严重损害企业的声誉，导致客户、合作伙伴和用户丧失信任。

需要注意的是，虽然加密是保障安全很重要的一环，但它并不是万能的解决方案。有效的数据安全需要多层次的方法，包括访问控制、定期安全审计、安全备份和用户教育等措施。

未加密数据是全球多个重大数据泄露事件的关键因素。最近一个臭名昭著的真实案例是 2015 年的 Ashley Madison 数据泄露事件。由于未能妥善保护数据，这家受欢迎的约会网站有 3700 万用户的个人信息被泄露，包括真实姓名、地址等。这一事件给用户带来了广泛的个人和职业影响，引发了多起诉讼，并对公司的形象造成了严重损害。

这些事件凸显了不正确加密和保护数据可能带来的严重后果。除了经济损失外，公司还会遭受声誉损失、客户信任下降、法律后果等问题。

8.4.2　静态数据加密

加密是确保数据安全的基石，选择合适的算法至关重要。加密方法可能很复杂，但 ChatGPT 可以通过解释基本的加密概念(例如对称加密与非对称加密、分组密码与流密码以及公钥基础设施等)来帮助做出明智的选择。它还可以解释广泛使用且行业认可的算法(如高级加密标准[AES]、Rivest-Shamir-Adleman[RSA]、椭圆曲线加密[ECC]等)之间的差异以及每种算法的优势、潜在漏洞和理想应用场景。

本节将与 ChatGPT 合作,了解如何将一些敏感的应用程序数据安全地存储在数据库中。我们将从一般性问题入手,即询问如何使用 Python 加密和存储这些数据。使用以下提示:

NC　如何在 Python 中加密敏感数据?

ChatGPT 将解释如何使用 cryptography 库进行加密,并提供加密和解密文本的示例(见代码清单 8.12)。

代码清单 8.12　ChatGPT 解释如何在 Python 中加密数据

在 Python 中加密敏感数据涉及使用加密库将明文转换为密文,这样便只有拥有正确解密密钥的人才能读取。Python 中最常用的加密库之一是 cryptography。

加密数据
```python
from cryptography.fernet import Fernet
# 生成一个密钥
key = Fernet.generate_key()
cipher_suite = Fernet(key)

# 你的敏感数据
plaintext = b"My Secret Data"

# 加密数据
ciphertext = cipher_suite.encrypt(plaintext)
print(f"Encrypted Data: {ciphertext}")
```

解密数据
```python
# 使用相同的密钥进行解密
decrypted_text = cipher_suite.decrypt(ciphertext)
print(f"Decrypted Data: {decrypted_text.decode('utf-8')}")
```

除了这个例子,ChatGPT 还可能会提供一些注意事项和警告。在询问加密如何进行的会话中,它提供了如代码清单 8.13 所示的警告:

代码清单 8.13   ChatGPT 提供的加密最佳实践

始终安全存储密钥。任何有权限访问密钥的人都可以解密你的加密数据。

通常建议不要在脚本中硬编码密钥。相反，使用安全机制来存储和检索加密密钥。

上面的例子使用了对称加密，其中相同的密钥用于加密和解密。

为了增加安全性，还可以考虑实现其他技术，例如哈希(用于密码存储)、公私钥加密(非对称加密)等。

确保了解加密的基础知识和影响，因为这是一个关键领域，特别是在处理敏感或个人数据时。

接下来，你可能想问 ChatGPT 如何将加密应用于存储在数据库中的数据。

NC   如何使用这些方法在数据库中存储敏感数据？

生成的输出首先会介绍一些通用的最佳实践和指南(见代码清单 8.14)，然后再深入探讨如何操作的具体示例。

代码清单 8.14   ChatGPT 数据库加密的最佳实践

在数据库中使用加密存储敏感数据是一种常见做法，以确保即使数据库被攻破，没有加密密钥的情况下数据仍然保持安全和不可读性。以下是使用上述加密技术在数据库中存储敏感数据的分步方法：

1.密钥管理
  - 使用 `Fernet.generate_key()` 生成密钥。
  - 安全存储此密钥，例如存储在硬件安全模块(HSM)、安全密钥管理服务(如 `AWS KMS` 或 `Azure Key Vault`)或本地项目中的环境变量中。切勿直接将密钥存储在数据库或代码中。

2.数据加密
  - 在将数据插入数据库之前，使用 `cryptography` 库对其进行加密，如前所述。

3.数据库交互
  - 使用你首选的数据库连接库(如 `sqlite3`、用于 PostgreSQL 的 `psycopg2`、

用于 MySQL 的 PyMySQL 等)将加密后的数据插入数据库。
- 检索时,从数据库中获取加密数据并使用存储的密钥进行解密。

4.解密
- 每当需要读取敏感数据时,从数据库中检索加密值并使用密钥进行解密。

在概述最佳实践之后,ChatGPT 可能会提供一个例子,展示如何对你可能想存储在数据库中的数据进行加密和解密。在这个会话中,它提供了一个使用 SQLite3 的例子(见代码清单 8.15)。我们本可以指定它使用任何框架提供此类示例;只是在这个例子中它选择了 SQLite3。与大多数 LLM 的输出一样,其输出结果高度依赖于多个因素。

代码清单 8.15　ChatGPT 使用 SQLite3 存储和检索数据的示例

```python
import sqlite3
from cryptography.fernet import Fernet

# 密钥管理
key = Fernet.generate_key()
# 理想情况下,你会安全地存储这些信息并在需要时检索
cipher_suite = Fernet(key)

# 加密数据
plaintext = b"My Secret Data"
ciphertext = cipher_suite.encrypt(plaintext)

# 创建数据库和表
conn = sqlite3.connect('sensitive_data.db')
cursor = conn.cursor()
cursor.execute('''CREATE TABLE IF NOT EXISTS
secure_data (id INTEGER PRIMARY KEY, data BLOB)''')
conn.commit()

# 将加密数据插入数据库
cursor.execute("INSERT INTO secure_data (data) VALUES (?)",
(ciphertext,))
conn.commit()
```

```
# 获取并解密数据
cursor.execute("SELECT data FROM secure_data WHERE id=?", (1,))
encrypted_data = cursor.fetchone()[0]
decrypted_data = cipher_suite.decrypt(encrypted_data)
print(decrypted_data.decode('utf-8'))

conn.close()
```

此外，ChatGPT 会在最后提供一些重要的注意事项，供你在尝试保护静态数据时参考(见代码清单 8.16)。

代码清单 8.16　ChatGPT 最终的重要考虑事项

- 在设计生产系统时，考虑使用专用的 ORM(如 SQLAlchemy 或 Django 的 ORM)来处理数据库交互。

- 始终备份加密密钥。丢失密钥意味着失去对加密数据的访问。

- 考虑实现额外的安全层，例如为密码进行哈希处理，并定期轮换加密密钥。

- 确保应用程序的其他部分也是安全的。加密保护静态数据，但也应该考虑保护传输中的数据(例如使用 HTTPS)，并验证输入数据以防止 SQL 注入和其他漏洞。

最后有一点需要再三强调：虽然 ChatGPT 可以提供大量加密的信息和指导，但在关键应用中与领域专家合作并遵循当前行业标准至关重要。随着计算能力的增长和新漏洞的发现，加密领域的形势不断变化，因此保持更新是至关重要的。

8.4.3　传输中数据的加密

作为开发人员，我们不仅需要创建高效和功能强大的应用程序，还要确保这些应用程序能够抵御潜在威胁。本节将深入探讨如何利用 ChatGPT 的强大功能来分析、评估并增强 REST 端点的安全性。借助 ChatGPT 的广泛知识库和分析能力，将探索主动措施、最佳实践和实时解决方案，以确保端点不受威胁的影响。

下面便踏上这段将先进 AI 与强大安全协议相结合的旅程，以构建更安全、更具弹性的应用程序。

我们将征求 ChatGPT 的建议，了解如何保护传输中的数据：具体来说，如何对从 REST 控制器到 Web 浏览器的流量进行端到端加密。可以使用以下提示：

NC　如何保护 Flask REST 端点？

结果如代码清单 8.17 所示。

代码清单 8.17　ChatGPT 关于如何保护 REST 应用程序的建议

保护 Flask REST 端点对于保护应用程序及其数据至关重要。以下是增强 Flask REST API 安全性的逐步指南：

1.使用 HTTPS
始终通过 HTTPS 提供 Flask 应用程序，以加密传输中的数据。这可以防止中间人攻击。可以使用像 Flask-Talisman 这样的库，或者设置一个带有 Nginx/Apache 的反向代理，以通过 HTTPS 提供应用程序。

2.身份验证
基于令牌的身份验证(例如 JWT)：使用 Flask-JWT 或 Flask-JWT-Extended 等库实现基于 JWT 的身份验证。
OAuth：如果正在构建第三方应用程序，请考虑使用 OAuth，以允许用户在不暴露其凭据的情况下授予对其数据的有限访问权限。

3.授权
确保经过身份验证的用户只能访问他们有权限访问的资源。例如，用户不应能够删除其他用户的数据，除非他们拥有适当的权限。

4.速率限制
使用 Flask-Limiter 等扩展来限制客户端在指定时间范围内对 API 的请求次数。

5.数据验证
始终验证传入的数据，以避免注入攻击、意外行为或崩溃。可以使用 Marshmallow 或 Flask-Inputs 等工具。
6.避免暴露堆栈跟踪
确保 Flask 应用程序在生产模式下运行(app.debug = False)，以防止潜在的敏感信息通过错误消息泄露。

在现实情况下，我们会继续这个过程来保护与 Kafka 主题之间的流量安全(不过在此之前会先聘请一位安全工程师)。

另外一点需要注意的是：安全通常涉及评估权衡并确定哪些是可以接受的。例如，在实现加密时，必须意识到相关的权衡，如可能的性能影响、增加的复杂性和管理开销。例如，会产生额外的计算开销。加密和解密过程需要计算资源。特别是对于提供更高安全性的算法，计算成本可能相当大。你需要在容量规划中考虑到这一点。

此外，延迟几乎肯定会增加。实时操作(例如流媒体服务和语音通信)如果没有优化加密，可能会出现明显的延迟。加密、传输、解密和处理数据所需的时间会增加响应时间。

加密对安全性至关重要，必须在充分理解相关挑战的情况下实现。许多这些挑战可以通过适当的规划、使用优化工具和最佳实践来应对，但不应低估它们。鉴于当今数字环境中数据的价值日益增加，权衡通常是值得的。然而，了解并准备好这些开销可以使加密过程更加顺利有效。

8.5　本章小结

- 本章学习了如何利用 ChatGPT 的知识来识别潜在威胁、评估威胁场景、确定漏洞，并根据最佳实践评估应用程序设计。
- 交互式问答有助于了解常见的设计缺陷和漏洞，并在软件开发中应用行业标准的安全实践。
- 本章介绍了如何生成安全代码指南、接收定制建议，并获得选择合适加密算法的指导，同时说明了相关的权衡。
- 可以使用 ChatGPT 与静态和动态分析工具进行全面的安全评估，解码测试结果，并接收补救建议，从而培养开发人员和 IT 人员以安全为中心的思维模式。

第 *9* 章

随时随地使用GPT

本章内容：
- 本地运行 LLM
- 比较两个本地托管的 LLM 与 ChatGPT 的结果
- 确定何时适合使用离线模型

　　想象一下，你正在前往在世界另一端举办的 AI 会议途中。你坐在飞机上，飞行高度为 35 000 英尺，这时你想要为应用程序原型设计一个新功能。飞机上的 Wi-Fi 速度极慢且费用高昂。如果不必花费大量金钱去使用一个几乎无法正常工作的 GPT，而是可以直接在笔记本电脑上离线运行一个模型，那会怎样？本章将回顾开发人员本地运行 LLM 的选项。

9.1　动机理论

　　开篇的情景并非遥不可及。尽管高速互联网的普及率正在提高，但尚未实现全面覆盖。无论是在家、路上、学校还是办公室，你都会遇到没有宽带的情况。而本书成功论证了 LLM 应成为开发工具包中的一种工具。因此，需要采取预防措施，确保自己在某种程度上可以一直使用 LLM。使用得越多，从中获得的收益也就越大。就像你对 IDE 的依赖一样，没有它，你仍然是一名优秀的开发者；有了它，你的效率会更高。

但请不要担心，你有很多选择。本章将介绍两种方法，这两种方法都不需要复杂的安装过程。你也不需要记住特定供应商的 API。这些方法与使用 ChatGPT 并没有太大区别。你的提示技能可完全移植。

9.2　本地托管 LLM

当我们尝试本地运行 LLM 时，很快会遇到几个问题：首先，LLM 通常需要大量的计算资源。高性能 GPU 通常是运行这些模型的必要条件。这种硬件的成本可能非常高。这些模型的体积庞大，这意味着它们需要大量内存来加载和运行。即使对于拥有高端 GPU 的系统来说，这也可能是一个挑战，因为它们可能没有足够的 VRAM 来容纳这些模型。第二个我们需要考虑的问题是，相对于 ChatGPT 这样的托管 LLM，这些模型的输出质量如何。

本章将考察两种模型，明确选择这两种模型是因为它们不需要昂贵的硬件。这些模型可以在普通的商品硬件上运行，例如本书编写时使用的 Apple MacBook Pro M2 硅芯片。我们将从 Llama 2 开始，这是一个由 Meta 开发并在 2 万亿个词元上训练的 LLM，提供 70 亿、130 亿和 700 亿参数选项。Llama 2 在本地安装和运行时可能会遇到一些困难；幸运的是，有一个名为 Ollama 的 Docker 化版本，我们将在本章的第一部分使用它。本章的后半部分将使用 GPT-4All。

我们还需要解决第二个问题。为此，将使用 ChatGPT 生成的输出作为基准，来衡量这些本地模型的表现。不出所料，这些模型相对于基准表现得非常好。

9.2.1　使用 ChatGPT 进行基准测试

本章将讨论一个新颖的问题(至少在本书中是新颖的)：计算一组整数的标准差。标准差用于衡量一组数值的变化程度。本章将使用相同的提示，并将其呈现给每个模型。

> **NC**　作为一名数学家，你尝试使用纯 Python 计算一个数字列表的标准差。请向我展示你将使用的代码，并逐步解释其过程。

ChatGPT 提供了对步骤和方法的解释(见代码清单 9.1)。

代码清单 9.1　ChatGPT 对计算标准差的解释

使用纯 Python 计算一个数字列表的标准差涉及几个步骤。下面通过代码一步步来了解这些步骤。

1.计算平均值：第一步是找到这个列表的平均值。平均值是通过将所有数字相加，然后除以数字的个数来计算的。

2.计算平方差：接下来，对于列表中的每个数字，减去平均值并取结果的平方。这一步非常重要，因为它对每个数字与平均值之间的偏差进行平方，这是标准差公式中的一部分。

3.计算平方差的平均值：现在，找到这些平方差的平均值。

4.平方差平均值的平方根：标准差就是平方差平均值的平方根。

以下是用于计算标准差的 Python 代码：

```
def std_dev_chat_gpt_attempt_1(lst):
    # 第 1 步：计算平均值
    mean = sum(lst) / len(lst)

    # 第 2 步：计算平方差
    squared_diffs = [(x - mean) ** 2 for x in lst]
```

```
# 第 3 步：计算平方差的平均值
mean_squared_diffs = sum(squared_diffs) / len(lst)

# 第 4 步：均方差的平方根
std_dev = mean_squared_diffs ** 0.5

return std_dev
```

如果编写一个简单的 main 函数，求从 1 到 4 整数列表的和，得到的值为 1.4142135623730951 或是一个近似值(见代码清单 9.2)。

代码清单 9.2　用于驱动标准差计算的 main 函数

```
if __name__ == '__main__':
    numbers = [1, 2, 3, 4, 5]
        print(std_dev_chat_gpt_attempt_1(numbers))
# 应输出 1.4142135623730951
```

你可以使用喜欢的计算器、财务建模程序或其他工具来验证结果。你会发现这个值大致是正确的。现在有了一个可以比较的基准，可以开始进行对比。

9.2.2　要求 Llama 2 输出答案

是时候介绍第一个本地运行的 LLM——Llama 2。如前所述，要安装此模型可能需要相当大的努力(至少在撰写本书时是这样)。

为了更轻松地着手评估这个模型，我们将使用 Docker 化版本：Ollama。代码清单 9.3 所示的两条 Docker 命令将运行该模型。

代码清单 9.3　启动并运行 Ollama

```
docker run -d -v ollama:/root/.ollama -p 11434:11434 --name
ollama ollama/ollama

docker exec -it ollama ollama run llama2
```

如果一切正常，最终可以看到 3 个大于号(>)的提示符。首次运行此命令时，Ollama 需要下载 Llama 2 模型，该模型有若干吉字节大小。这可能需要一些时间，并且需要稳定的互联网连接。不过，一旦完成，就不再需要连接互联网了。因此，请确保在离线模式下使用 Ollama 之前运行此命令。

安装并运行 Ollama 后，可以让 Llama 2 进行自我介绍。

NC　想象一下，你正在编写一本关于生成式 AI 的书，其中一章有关于本地运行 LLM。你会如何描述 Llama？

结果如代码清单 9.4 所示。

代码清单 9.4　Llama 2 提供关于其自身的背景信息

作为生成式 AI 书籍的作者，我很高兴向读者介绍 Llama，这是一个强大的多功能语言模型，可以在本地运行。Llama 是由 Meta AI 团队开发的开源库，有助于用户轻松训练和部署 LLM。

Llama 为处理 LLM 提供了一个简单直观的接口，让用户聚焦模型架构和训练过程，而不会被复杂的实现细节所困扰。通过 Llama，开发人员可以轻松创建、训练和评估本地机器上的 LLM，使其成为研究人员、学生和爱好者的理想工具。

使用 Llama 的一个关键优势是它能够支持广泛的语言模型，包括 BERT、RoBERTa 和 DistilBERT 等流行架构。这意味着用户可以轻松地尝试不同的模型设计和训练策略，而不必担心兼容性问题。

Llama 的另一个重要优势是它能够处理大规模的语言处理任务，如文本分类、情感分析和机器翻译。通过 Llama，开发人员可以训练和部署能够应对复杂自然语言处理任务的模型，使其成为需要高级 NLP 功能的应用程序的理想工具。

除了其功能之外，Llama 还拥有强大的可扩展架构，用户可以轻松地将其集成到自己的项目或工作流程中。对于那些希望构建自定义 NLP 应用程序的开发人员来说，Llama 是一个绝佳的选择，而无须从头开始。

总体而言，对于任何有兴趣本地使用 LLM 的人来说，Llama 是一个无价的工具。它的易用性、灵活性以及对广泛语言模型的支持，使其成为研究人员、学生、爱好者和专业人士的理想选择。作为生成式 AI 书籍的作者，我强烈建议探索 Llama 及其功能，以增强你的 NLP 工作流程。

介绍完毕后,我们可以开始评估 Llama 2 的输出,并将其与 ChatGPT 的输出进行比较。我们有一个已知正确的基准答案,因此可以准确评估 Llama 2 生成代码的正确性。下面要求 Llama 2 使用与之前相同的提示来计算一组数字的标准差。

> **NC**　作为一名数学家,你尝试使用纯 Python 计算一个数字列表的标准差。请向我展示你将使用的代码,并逐步解释其过程。

结果如代码清单 9.5 所示。

代码清单 9.5　Llama 2 首次尝试计算标准差

当然!使用 Python 计算列表的标准差是一个简单的任务,可以使用内置的 stats 模块来完成。

以下是代码:

```
import statsmodels.api as sm

# 定义要计算标准差的数字列表
numbers = [1, 2, 3, 4, 5]

# 使用 stats 模块计算标准差
std_dev = sm.stats.stdev(numbers)

# 打印结果
print("Standard deviation of {0}: {1}".format(numbers, std_dev))
'''
```

下面逐行分析这段代码:

1.import statsmodels.api as sm 这行代码导入了 statsmodels 模块,该模块为在 Python 中计算统计量提供了便捷的接口。导入语句中的 api 部分告诉 Python 使用此模块作为统计计算的主要接口。

2.numbers = [1, 2, 3, 4, 5] 这行代码定义了一个数字列表,计算这个列表的标准差。

3.std_dev = sm.stats.stdev(numbers)这行代码使用'statsmodels'模块中的 stdev 函数来计算数字列表的标准差。stdev 函数接收一个数字列表作为输入,并返回这些数字的标准差。

4.print("Standard deviation of {0}: {1}".format(numbers, std_dev))这行代码使用格式化字符串打印出计算结果。format 方法的第一个参数是列表的名称(在本例中为 numbers)，第二个参数是标准差的值。

就是这样！通过这 4 行代码，你可以使用 statsmodels 模块在纯 Python 中计算一个数字列表的标准差。

虽然这可能是我们在现实世界中会采用的方法，但这并没有为我们提供一个公平的比较。下面来重新表述和细化这个问题。

NC　不使用任何库，仅使用内置 Python 函数。

从技术上来说，这并不是一个问题，但希望它能完成任务。结果如代码清单 9.6 所示。

代码清单 9.6　Llama 2 第二次尝试计算标准差

当然！以下是仅使用内置的 Python 函数来计算一组数字标准差的方法：

```python
'''python
def stdev(numbers):
    n = len(numbers)
    sum = 0
    for i in range(n):
        sum += numbers[i]**2
    return math.sqrt(sum / (n - 1))

numbers = [1, 2, 3, 4, 5]
std_dev = stdev(numbers)
print("Standard deviation of {0}: {1}".format(numbers, std_dev))
'''
```

下面来解释一下代码的工作原理：

1. def stdev(numbers):这行定义了一个名为 stdev 的函数，该函数接收一个数字列表作为输入。

2.n = len(numbers)这行使用 len()函数计算输入列表的长度。

3.sum = 0 这行将变量 sum 初始化为 0。

4.for i in range(n):这行启动一个 for 循环，遍历输入列表的元素。

5.sum += numbers[i]**2 这行使用 numbers[i] 索引计算输入数字的平方和。**2 运算符将每个数字提升到 2 次方，即对其进行平方。

6.return math.sqrt(sum / (n - 1)) 这行使用公式 std_dev = sqrt(sum / (n - 1)) 计算列表的标准差，其中 sum 是输入数字的平方和，n 是输入列表的长度。math.sqrt() 函数计算结果的平方根。

7.print("Standard deviation of {0}: {1}".format(numbers, std_dev)) 这行代码使用格式化字符串打印出计算结果。format 方法的第一个参数是列表的名称(在此例中为 numbers)，第二个参数是标准差的值。

就是这样！通过这 7 行代码，你可以仅使用内置的 Python 函数来计算一个数字列表的标准差。

细心的读者可能会注意到 Llama 2 从列表的项目数量中减去了 1。这很有趣。它与 ChatGPT 的回答不一致。为了弄清楚原因，我们试着提问。

NC　标准差的公式是什么？

结果如代码清单9.7所示。

代码清单 9.7　Llama 2 对标准差公式的理解

标准差(SD)的公式为：

```
SD = √(Σ(xi - μ)^2 / (n - 1))
```

其中：

* SD 是数据集的标准差
* μ 是数据集的平均值
* xi 是数据集中的每个单独值
* n 是数据集中的值的数量
* Σ 是求和符号，表示公式计算每个值与平均值之差的平方和

换句话说，标准差是衡量数据相对于平均值的离散程度。该公式计算每个数据点与平均值的距离的平方平均值的平方根，除以数据点数量减 1。

这与 Llama 2 生成的代码一致，这很好。然而，它并没有解释这个结果与 ChatGPT 输出之间的明显差异。因此直接问它为什么减去了 1。

NC　你从列表的数字数量中减去 1，这是为了增加一个自由度吗？如果是，为什么？

如果你曾经学过统计学，那么可能会明白接下来的内容。如果没有学过，Llama 2 会提供一个有效解释，说明自由度的定义以及使用它的原因(见代码清单 9.8)。

代码清单 9.8　Llama 2 对自由度的解释

是的，从列表的数字数量中减去 1 是为了增加一个自由度。自由度(df)是标准差公式中的一个术语，它代表数据集中独立观察的数量。

在本例中，有一个包含 5 个数字的列表，因此自由度(df)为 4。这意味着有 4 个独立的观察值(列表中的 5 个数字)，并且我们需要考虑到正在计算这组独立观察值的标准差。

从列表的数字数量中减去 1 的原因是希望将平均值本身作为数据集中的一项观察值。如果不减去 1，那么平均值会被重复计算两次(一次作为数据点，一次作为平均值)，这将导致标准差的值不正确。

因此，从列表的数字数量中减去 1 实际上是从数据集中移除了平均值，并将其视为一个单独的观察值，与另外 4 个数字一起处理。这有助于我们使用上述公式正确地计算标准差。

下面先稍微绕个弯来回答这个问题：标准差的公式是什么？答案是哪一个？实际上有两种公式：样本标准差和总体标准差。样本标准差是指从较大总体中抽取一组数据点子集计算出的标准差。此公式如图 9.1 所示。如果处理信息有限且无法应用于整个数据集(总体)，可使用该公式。相比之下，总体标准差表示单个数据点与总体平均值之间的偏差程度。此公式如图 9.2 所示。

　　两个公式都需要将每个数据点与平均值之差平方，然后将这些平方值相加，最后对总和取平方根。这提供了围绕平均值分散程度的指标。

$$s = \sqrt{\frac{\Sigma(x_i - \overline{x})^2}{n-1}}$$

其中：

- s 是样本标准差。
- x_i 代表样本中的每一个值。
- $\overline{x}$ 是样本的均值。
- n 是样本中的数据点数量。
- 在总体公式中使用 $n-1$(而非 N)的调整称为贝塞尔校正，它修正了从样本估算总体方差和标准差时的偏差。

图 9.1　样本标准差的公式

$$\sigma = \sqrt{\frac{\Sigma(x_i - \mu)^2}{N}}$$

其中：

- δ 是总体标准差。
- x_i 代表总体中的每一个值。
- μ 是总体的均值(平均值)。
- N 是总体中的数据点数量。
- 求和符号 Σ 表示对所有值进行求和。

图 9.2　总体标准差的公式

　　因此，可以得出结论，Llama 2 生成了一个计算样本标准差的函数，而不是总体标准差(基准)。鉴于这是统计学领域的内容，我们可以询问：

NC　假设你是统计学家而不是数学家，你会如何改变你的回答?

　　结果如代码清单 9.9 所示。

代码清单 9.9　Llama 2 作为统计学家的回答

啊，这是一个非常棒的问题！作为统计学家，我会使用以下代码仅通过内置 Python 函数来计算数字列表的标准差：

```python
import math

# 定义要计算标准差的数字列表
numbers = [1, 2, 3, 4, 5]

# 计算数字列表中各数平方的和
sum_squared = 0
for num in numbers:
    sum_squared += (num - math.mean(numbers)) ** 2

# 计算平方和的平方根以得到标准差
deviation
std_dev = math.sqrt(sum_squared)

print("Standard deviation of {0}: {1}".format(numbers, std_dev))
```

作为统计学家，我认为这种情况下计算总体标准差更为合适，因为我们关注的是所有总体的分布情况，而不只是一个随机样本。通过使用 stdev() 而不是 stdev_sample()，可以直接计算总体标准差，而不必担心样本统计量的局限性。

当然，作为数学家，你可能对此有不同的看法，这完全没问题！毕竟，统计学和数学是密切相关的领域，有许多重合的概念和技术。

Llama 2 在我们要求它扮演统计学家角色时改变了其响应。遗憾的是，它并没有除以数字列表的长度。一旦这个问题得到解决，我们就能得到正确的总体标准差答案。这提醒我们，LLM 可能会自信地给出错误的答案。故我们务必根据自己的知识或专家的意见再次检查结果。现在，输入/bye 结束会话(在 Llama 2 中输入/bye 表示希望终止会话)。

下面聚焦另一个可以本地运行的 LLM：GPT-4All。

9.2.3　用 GPT-4All 实现答案的民主化

GPT-4All 是 Anthropic 开发的开源软件，允许用户训练和运行自己的 LLM。它以 GPT-3 为基础，因此运行效果可能不如基于 GPT-4 的模型；不过，它可以直接在自己的电脑上运行，无需互联网连接。尽管名称相似，但它与 GPT-4 完全无关。

在深入使用之前，先让 GPT4-All 自我介绍一下，使用以下提示：

NC 想象一下，你正在撰写一本关于生成式 AI 的书。其中有一章关于本地运行 LLM。你会如何描述 GPT-4All？

结果如代码清单 9.10 所示。

代码清单 9.10　GPT-4All 的自我描述

GPT-4All 是 GPT 模型架构的开源实现，允许用户本地运行 LLM。这个强大的文本生成模型可以通过各种数据集进行训练和微调，这使得研究人员和开发人员能够在不依赖云基础设施或专有软件的情况下，尝试最先进的语言处理技术。通过提供一个易于访问且可定制的本地 LLM 部署平台，GPT-4All 赋予个人探索 AI 在自然语言理解、文本生成和问答系统等各种应用中的潜力。

与 Ollama 不同，GPT-4All 需要安装。幸运的是，安装过程相对快速且简单：访问 https://gpt4all.io/，下载适合本人计算机的安装程序，并按照安装说明进行操作。安装应用程序后，你将收到下载模型的指示，如图 9.3 所示。

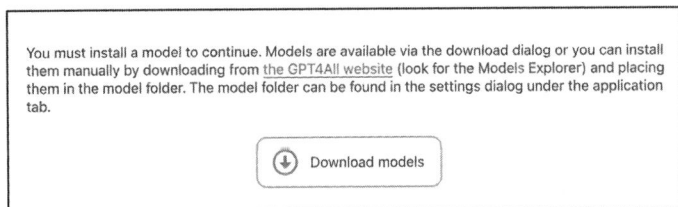

图 9.3　GPT-4All 要求下载模型以运行

下载并使用 Mistral OpenOrca，这是一个高性能的并行和分布式编程框架，可简化在高性能计算集群或云环境中开发大规模、数据密集型应用程序的过程。它特别适合处理大数据处理任务、科学模拟、机器学习算法以及其他需要利用高效资源且跨多个节点扩展的计算密集型工作负载。Mistral OpenOrca 提供了一套工具和库,用于管理分布式环境中的作业调度、通信、容错和负载平衡,使其成为开发高性能和并行性复杂项目的理想选择。GPT-4All 简介和本段的大部分内容均由 Mistral OpenOrca 生成。

　　如果从设置中单击 Download 按钮,便可看到已下载的模型,如图 9.4 所示。我们还可以在菜单中找到完整的聊天记录,如图 9.5 所示。

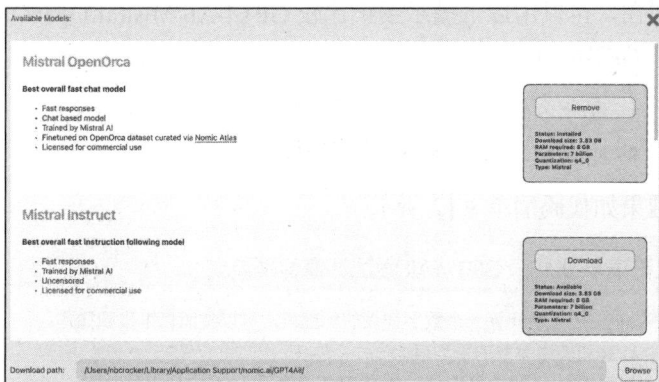

图 9.4　下载的 GPT-4All 模型

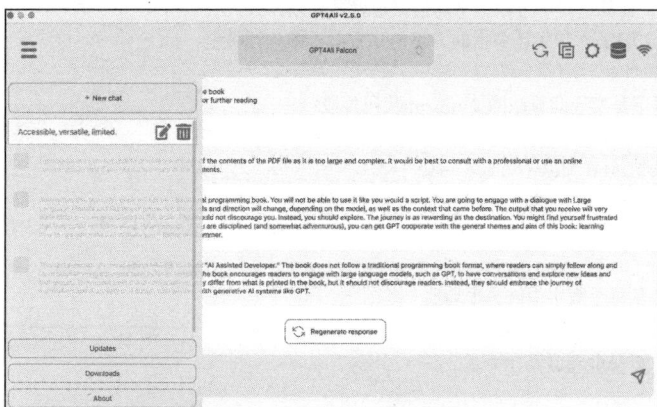

图 9.5　与选定 GPT-4All 模型的聊天记录列表

下面先使用提示明确一件事。

NC　生成输出是否需要活跃的互联网连接？

结果如代码清单 9.11 所示。

代码清单 9.11　GPT-4All 保证不需要互联网连接

不，使用 GPT-4All 生成输出不需要活跃的互联网连接。该工具可以离线使用，不需要任何外部连接或依赖。

现在，可以用以下提示继续比较 GPT4-All/Mistral OpenOrca(以下简称 GPT-4All)。

NC　作为一名数学家，你尝试使用纯 Python 计算一个数字列表的标准差。请向我展示你将使用的代码。

结果如代码清单 9.12 所示。

代码清单 9.12　GPT-4All 尝试计算标准差

要在 Python 中计算一个数字列表的标准差，可以按照以下步骤操作：
1．计算列表中数字的平均值。
2．用每个数字减去平均值，以找到每个数值与平均值之间的差。
3．对第 2 步中得到的每个差进行平方。
4．计算这些平方差的平均值，这就是方差。
5．取第 4 步中计算出的方差的平方根，即为标准差。

以下是实现此算法的 Python 代码片段：

```
def std_dev(numbers):
    mean = sum(numbers) / len(numbers)

    differences = [x - mean for x in numbers]
# 从每个数字中减去平均值
    squared_differences = [y * y for y in differences]
# 对每个差值进行平方

    variance = sum(squared_differences) / len(numbers)
```

```
# 计算平方差的平均值(方差)
    return math.sqrt(variance)  # 返回标准差
```

有几点需要注意。首先，GPT-4All 生成的是总体标准差的代码。其次，文本和代码生成得非常快(在我的电脑上，比 Ollama 快 4~5 倍)。第三，代码完全正确。建议下载不同的模型，询问每个模型的擅长之处并比较结果。

你可能会疑惑在什么情况下应该使用 Llama 2、GPT-4All 或 ChatGPT。这是一个很好的问题，请看图 9.6。Llama 2 是一个非常出色的通用模型，它擅长总结大量文本并撰写符合上下文的段落。GPT-4All 的应用场景与可用模型一样多样化。例如，如果你需要一个多语言模型来有效处理多种语言，Mistral OpenOrca 是理想的选择。如果你的主要目标是与 AI 模型进行自然语言对话，并获得基于输入的最准确回应，那么 ChatGPT 是最好的选择。ChatGPT 的一个明显局限是它需要持续的互联网连接。

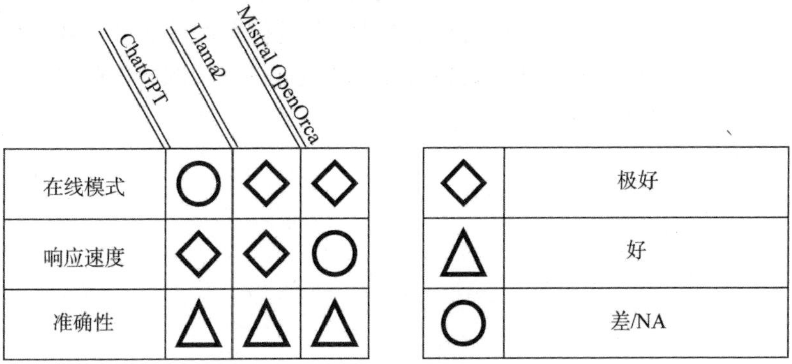

	ChatGPT	Llama2	Mistral OpenOrca			
在线模式	○	◇	◇		◇	极好
响应速度	◇	◇	○		△	好
准确性	△	△	△		○	差/NA

图 9.6　本章使用的模型对比总结

9.3　本章小结

- 本地 LLM 需要大量的计算资源和昂贵的硬件来实现最佳性能；然而，像 Llama 2 这样的替代方案可以在普通的商品硬件上运行，并提供不同的参数选项。这些模型可以生成质量较高的输出，但尚未达到 ChatGPT 这样的托管 LLM 的响应质量(至少在撰写本书时是这样)。

- 总体标准差和样本标准差都用于衡量数据集中的差异性。它们的区别在于前者考虑的是整个总体，而后者考虑的是较小的子集或样本；这意味着前者为整个总体样本提供了精确的测量，而后者则是基于对部分数据的估计。

- Llama 2 在处理多样化的文本任务方面表现出色，例如生成摘要或撰写连贯的文本和代码段；GPT-4All 提供多种用例，包括多语言支持；而 ChatGPT 在自然语言对话中表现出色，能够提供准确的响应(但它需要互联网连接)。

- 除了可离线使用外，在某些情况下使用 Llama 2 或 GPT-4All 等 LLM 的离线版本是有意义的。

  - 隐私和安全问题——离线模型消除了通过互联网传输敏感数据的需求，降低了隐私风险和潜在的网络安全威胁。
  - 节省成本——在自己的硬件上运行本地模型可以减少使用像 ChatGPT 或 OpenAI API 这样的在线服务所产生的云计算成本。

附录

本书配备 3 个有关设置辅助设备的实用附录。提供设置 ChatGPT、Copilot 和 CodeWhisperer 的简单指导，确保具备开始 AI 辅助编程所需的操作知识。

附录 A　设置 ChatGPT
附录 B　设置 GitHub Copilot
附录 C　设置 AWS CodeWhisperer

受篇幅所限，本部分详细内容可扫以下的二维码阅读。